国家中等职业教育改革发展示范学校质量提升系列教材

数控车床编程与操作

许春英　王本昊　主编
刘婷婷　于晓轩　赵丽丽　李　洋　参编

中国铁道出版社
CHINA RAILWAY PUBLISHING HOUSE

内容简介

本书在内容上选用典型的实例加工操作，坚持以“必需、够用、可教”为原则，突出体现培养技能型人才的特点。教材包括四个项目，分别是数控车床常用指令、手工编程部分、自动编程部分、数控车床操作实例。通过本课程的学习，要求学生对项目内容有一个总体的了解和把握，初步掌握数控车削加工过程的基本规律和相关知识，能独立选择刀、夹、量具及切削参数，对轴、套类零件进行数控车削加工，对平面轮廓、孔进行铣削加工，并保证加工精度和表面质量。同时能够了解自动编程的知识，具备分析和解决问题的能力。本书强调基本技能的掌握，通过学习本书能提高学生的基本专业素质，为学生从事工作和继续深造奠定良好的基础。

本书适合作为中等职业学校机械加工专业以及数控专业的教材。

图书在版编目(CIP)数据

数控车床编程与操作/许春英，王本昊主编．—北京：中国铁道出版社，2018.6

国家中等职业教育改革发展示范学校质量提升系列教材

ISBN 978-7-113-24438-5

Ⅰ.①数… Ⅱ.①许… ②王… Ⅲ.①数控机床-车床-程序设计-中等专业学校-教材②数控机床-车床-操作-中等专业学校-教材 Ⅳ.①TG519.1

中国版本图书馆CIP数据核字(2018)第084609号

书　　名：数控车床编程与操作
作　　者：许春英　王本昊　主编

策　　划：李中宝　陈　文　　**读者热线**：(010)63550836
责任编辑：李中宝　钱　鹏
封面设计：刘　颖
责任校对：张玉华
责任印制：郭向伟

出版发行：中国铁道出版社(100054，北京市西城区右安门西街8号)
网　　址：http://www.tdpress.com/51eds/
印　　刷：中国铁道出版社印刷厂
版　　次：2018年6月第1版　2018年6月第1次印刷
开　　本：787 mm×1 092 mm　1/16　**印张**：7　**字数**：161千
书　　号：ISBN 978-7-113-24438-5
定　　价：22.00元

国家中等职业教育改革发展示范学校质量提升系列教材
教材编审委员会

编审委员会

前言 PREFACE

本书是沈阳市汽车工程学校中等职业学校课程改革成果系列教材之一。在编写过程中，作者按照最新中等职业教育的大纲要求，根据当前职业教育教学改革和教材建设的总体目标，努力体现教学内容的先进性和前瞻性，注重实际应用，而不拘泥于传统的理论研究。本书可作为中等职业教育数控技术应用专业教材，也可供其他相关专业（如机械、机电等专业）学生及相关工程技术人员参考。

本书本着以就业为导向、以能力为本位、以职业实践为主线、以项目训练为主体进行编写，借鉴国内外职业教育先进教学模式，突出项目教学，课程内容以劳动部颁发的《数控车工国家职业标准》和教育部职业与教育司颁发的《数控技术应用专业教学指导方案》为指导，在总结近年来中等职业学校数控车编程与操作教学经验的基础上编写而成，力求突出职业教育的特色，紧密联系生产实际。

教材包括四个项目，分别是数控车床常用指令、手工编程部分、自动编程部分、数控车床操作实例。通过本课程的学习，要求学生对项目内容有一个总体的了解和把握，初步掌握数控车削加工过程的基本规律和相关知识，能独立选择刀、夹、量具及切削参数，对轴、套类零件进行数控车削加工，对平面轮廓、孔进行铣削，保证加工精度和表面质量，能够了解自动编程的知识，具备分析和解决问题的能力。

本书由许春英、王本昊主编，刘婷婷、于晓轩、赵丽丽、李洋参编。项目一由刘婷婷、于晓轩编写；项目二由于晓轩、王本昊编写；项目三由赵丽丽编写；项目四由许春英编写。本书在编写过程中得到了专业教师徐军、李红双、张晓东同志的大力支持，并参与统稿，同时也参考了一些相关书籍，并得到了中国铁道出版社的大力帮助和指导，在此谨向他们表示衷心的感谢。

由于编者的水平有限，加之时间仓促，书中难免存在疏漏及不足之处，敬请广大读者批评指正。

编　者

2018 年 1 月

CONTENTS 目 录

项目一 数控车床常用指令

本项目主要介绍FANUC数控车床的常用操作指令,其中包括每个指令的编程格式,编程过程,以及具体的操作过程。

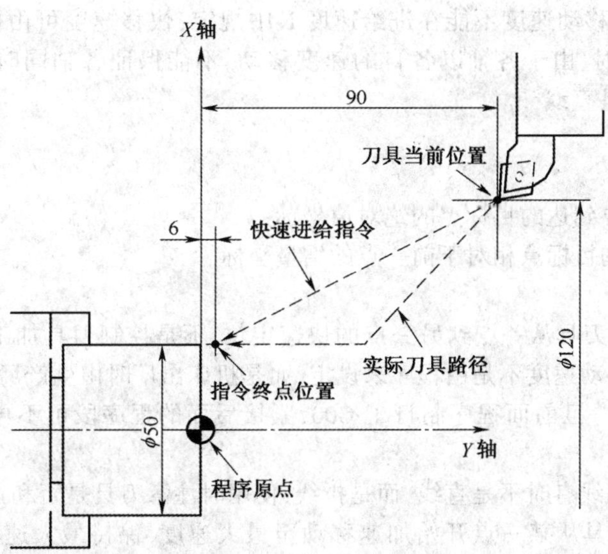

任务一 学习数控车床指令及其格式

任务目标

1. 掌握数控车床常用指令的含义。
2. 掌握指令的格式与编程方法。
3. 遵守操作规程,文明生产,安全第一。

任务描述

掌握数控车床基本运动控制指令 G00、G01、G02、G03，刀具补偿指令 G40、G41、G42，螺纹加工编程指令 G32、G92、G76，以及指令的格式、编程方式。

一、基本运动控制指令（G00、G01、G02、G03）

1. 快速移动指令 G00

（1）指令功能

G00 指令用于在工件坐标系中以快速移动速度移动刀具到达由绝对或增量指令指定的位置，即在数控车床非切削状态下，移动部件（刀架）按照机床设定速度快速运动，以减少非切削的辅助时间，提高机床的有效切削效率。G00 指令中的快移（快速移动）速度由机床参数“快移进给速度”对各轴分别设定，所以快速移动速度不能在进给速度 F 中规定，快移速度可由面板上的快速修调按钮修正。在执行 G00 指令时，由于各轴以各自的速度移动，不能保证各轴同时到达终点，因此联动直线轴的合成轨迹不一定是直线。

（2）编程格式

G00 X(U)_Z(W)_

其中：*X*、*Z*——刀具要到达的目标点的绝对值坐标；

U、*W*——刀具的目标点相对于前一点的增量坐标。

（3）注意事项

①G00 指令只能用作刀具从一点到另一点的快速定位，不是控制刀具加工工件的指令，刀具在空行程移动时采用。它的移动速度不是由程序来设定，而是机床出厂时由生产厂家设置的。

②G00 是模态指令，一旦前面程序制订了 G00，紧接后面的程序段可不再写，只需写出移动坐标即可。

③刀具的实际运动路线有时不是直线，而是折线，使用时注意刀具是否和工件发生干涉。

④G00 执行过程是刀具从某一点开始加速移动至最大速度，保持最大速度，最后减速到达终点。至于刀具快速移动的轨迹是一条直线还是一条折线则由各坐标轴的脉冲当量来决定。

2. 直线插补指令 G01

（1）指令功能

G01 是数控加工技术指令中的直线插补指令，规定刀具在两坐标以插补联动方式按指定的进给速度 *F* 做任意的直线运动。直线插补指令的功能是刀具以程序中设定的进给速度从某一点出发，直线移动到目标点。

（2）编程格式

G01 X(U)_Z(W)_F_

其中：*X*、*Z*——要求移动到的位置的绝对坐标值；

U、*W*——要求移动到的位置的增量坐标值；

F——刀具的进给速度。

(3)注意事项

①G01 指令是在刀具加工直线轨迹时采用的，如车外圆、车断面、车内孔、切槽等。

②机床执行直线插补指令时，程序段中必须有 *F* 指令。刀具移动的快慢是由 *F* 指令后面的数值大小来决定的。

③G01 和 F 都是模态指令，前一段已指定，后面的程序段都可不再重写，只需写出移动坐标值。

④G01 指令后的坐标值取绝对值编程还是增量值编程由 G90/G91 决定。

3. 圆弧插补指令 G02、G03

(1)指令功能

圆弧插补指令命令刀具在指定平面内按给定的进给速度 *F* 做圆弧运动，加工圆弧要素。

(2)圆弧顺逆的判断

常规判别方法，如图 1-1 所示。根据右手笛卡儿坐标系，先确定数控车床的 *Y* 轴，然后逆着 *Y* 轴看该圆弧，顺时针方向圆弧用 G02 表示，逆时针方向圆弧用 G03 表示。

简单判别方法：如图 1-2 所示。在圆弧编程时，只分析零件图轴线上半部分圆弧形状，当沿该段圆弧形状从起点画向终点为顺时针方向时用 G02，反之用 G03。

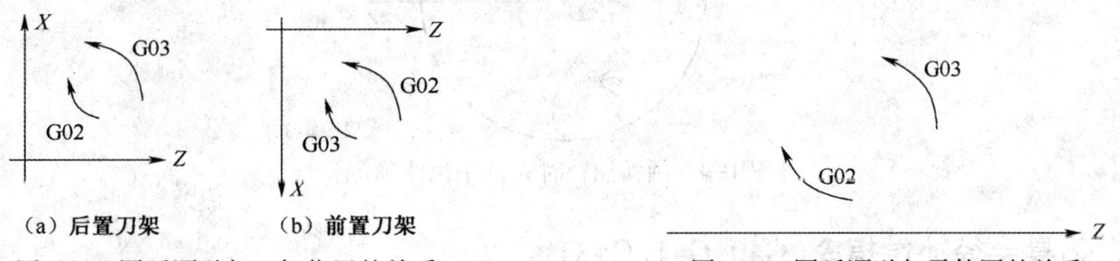

图 1-1　圆弧顺逆与刀架位置的关系　　图 1-2　圆弧顺逆与零件图的关系

实践证明，我们在实际生产过程中，无论是前置刀架还是后置刀架，无论是车外圆还是车内孔。简便方法的判别结果与常规方法判别结果相同，但简便方法能作出更加快速而又准确的判断。

(3)指令格式：

$$\begin{Bmatrix} \text{G02} \\ \text{G03} \end{Bmatrix} \text{X_Z_} \begin{Bmatrix} \text{I_K_} \\ \text{R_} \end{Bmatrix} \text{F_}$$

(4)注意事项

①如图 1-3 所示 *X*，*Z* 为圆弧的终点坐标值，其值可以是绝对坐标，也可以是增量坐标。在增量坐标方式下，其值为圆弧终点坐标相对于圆弧起点的增量值。*R* 为圆弧半径，*I*、*K* 为矢量值，矢量方向指向圆心，表示圆弧起点到圆弧中心的矢量分别在 *X*，*Z* 坐标轴上的分矢量。*I*0 和 *K*0 可以省略。

②圆弧半径 *R* 有正值与负值之分。当圆弧圆心角小于或等于 180°时，程序中的 *R* 用正值表示。当圆弧圆心角大于 180°并小于 360°时，*R* 用负值表示。如图 1-4 所示，刀具在 *A* 点，指令“G03 X60 Z40 R50 F100”使刀具沿圆弧段 1 从 *A* 到 *B*。指令“G03 X60 Z40 R-50 F100”使刀具沿圆弧段 2 从 *A* 到 *B*。

③用半径 *R* 指定圆心位置时，不能描述整圆。

④如果指令 *I*、*K* 和 *R* 同时指定，由指令 *R* 指定的圆弧优先，其余被忽略。

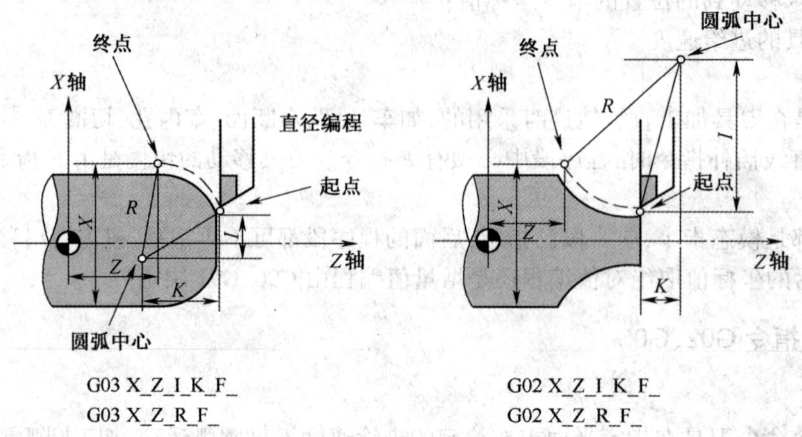

图 1-3　圆弧编程指令

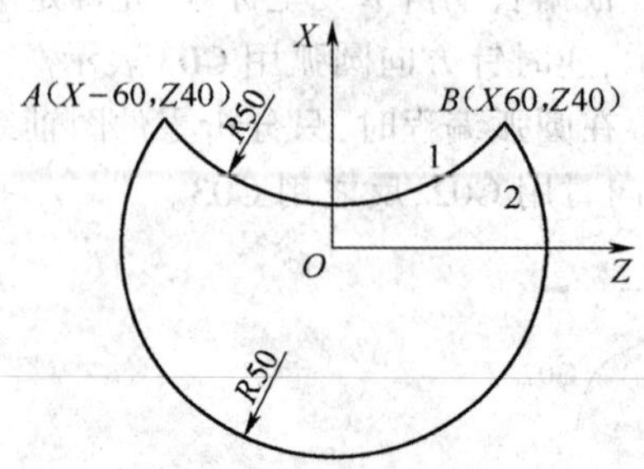

图 1-4　圆弧插补时 R 的正负值确定

二、刀具半径补偿指令(G40、G41、G42)

在数控切削加工中,为了提高刀尖的强度,降低加工表面粗糙度,刀尖处成圆弧过渡刃。在车削内孔、外圆或端面时,刀尖圆弧不影响其尺寸、形状;在切削锥面或圆弧时,就会造成过切或少切现象,如图 1-5 所示。

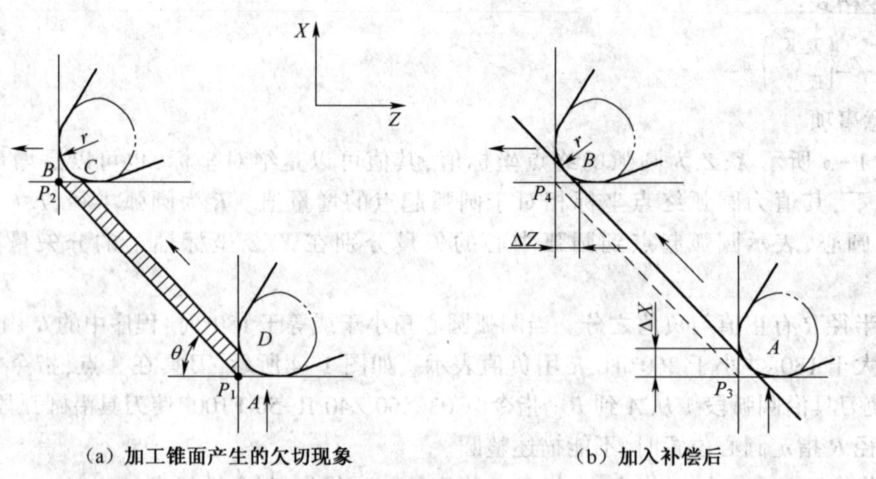

图 1-5　刀具半径补偿

1. 编程格式

```
G41 G00(G01) X___ Y___ D___;      (刀具半径左补偿)
G42 G00(G01) X___ Y___ D___ ;     (刀具半径右补偿)
G40 G00(G01) X___ Y___;           (撤销刀具半径补偿)
```

其中:G41——刀具半径左补偿;

G42——刀具半径右补偿;

G40——刀具半径取消补偿。

地址 D 所对应的在偏置存储器中存入的偏置值通常指刀具半径值。刀具刀号与刀具偏置存储器号可以相同,也可以不同。但一般情况下,为防止出错,最好采用相同的刀具号与刀具偏置号。

2. 刀具半径补偿

判断刀具半径补偿的方法依据右手笛卡儿准则,在做刀具半径补偿的判别时,一定要站在与被加工平面相垂直的那根轴的正方向上来观察刀具前进的方向。这是方法一和方法二应用的前提。

方法一:左右手法则。伸开手掌,掌心向上,五指并拢,将手掌和四指当作工件,大拇指指向刀具运动方向符合左手法则的为左补偿(G41),符合右手法则的为右补偿(G42),如图 1-6(a)所示。

方法二:按程序路径前进方向刀具偏在零件左侧进给为左补偿(G41),刀具偏在零件右侧进给为右补偿(G42),如图 1-6(b)所示。

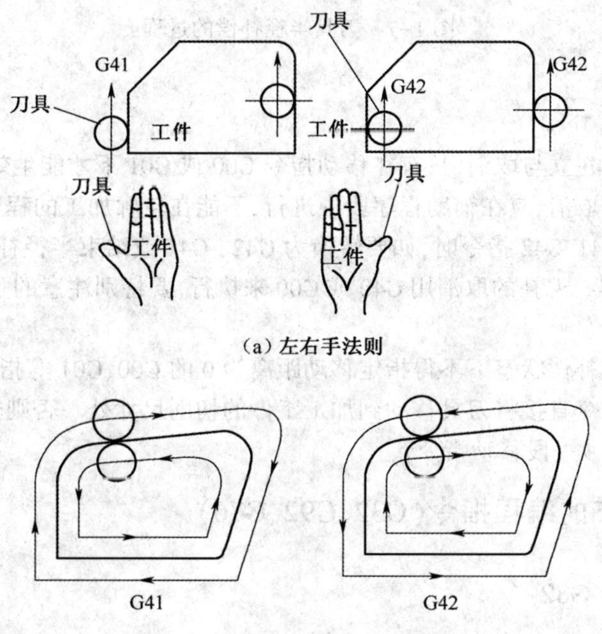

(a) 左右手法则

(b) G41、G42的判别

图 1-6 刀具半径补偿偏置方向的判别

3. 刀具半径补偿过程

(1)刀补建立。刀补的建立指刀具从起点接近工件时,刀具中心从与编程轨迹重合过渡到与编程轨迹偏离一个偏置量的过程。

(2)刀补进行。在 G41 或 G42 程序段后,程序进入补偿模式,此时刀具中心与编程轨迹始终相距一个偏置量,直到刀补取消。

在补偿模式下,数控系统要预读两段程序,找出当前程序段刀位点轨迹与下程序段刀位点轨迹的交点,以确保机床把下一个工件轮廓向外补偿一个偏置量。

(3)刀补取消。刀具离开工件,刀具中心轨迹过渡到与编程轨迹重合的过程称为刀补取消。

刀具半径补偿的过程如图 1-7 所示。

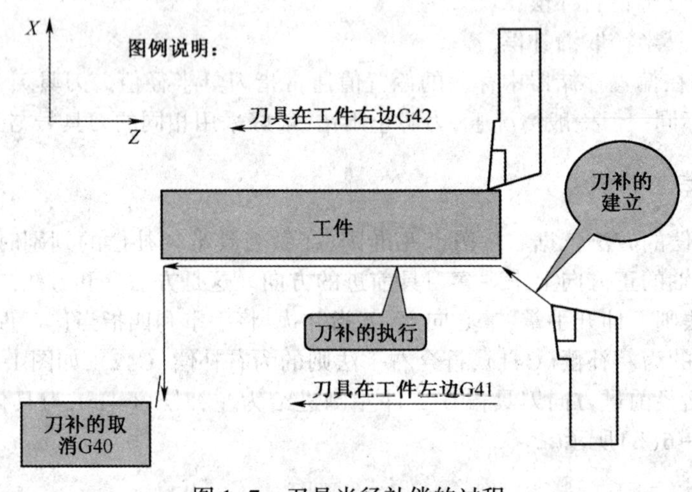

图 1-7　刀具半径补偿的过程

4. 注意事项

(1)刀具半径补偿的建立与取消,只有在移动指令 G00 或 G01 下才能生效。

(2)刀具半径补偿与取消,应在辅助程序段中进行,不能在轮廓加工的程序段上编程。

(3)当程序前面有 G41、G42 指令时,如要转换为 G42、G41 或结束半径补偿时,应先指定 G40 指令取消前面的刀尖半径补偿。刀补的取消用 G40 或 G00 来执行,要特别注意的是,G40 必须与 G41 或 G42 成对使用。

(4)在补偿启动段或补偿状态下不得指定移动距离为 0 的 G00、G01 等指令。

(5)不可以用补偿指令直接将刀具移动到加工工件的切削尺寸处。否则会产生刀尖圆弧补偿不到位的情况,一般需中间过渡一段移动指令。

三、掌握螺纹加工的编程指令(G32、G92、G76)

1. 单行程螺纹切削 G32

(1)编程格式

```
G32 X(U)_ Z(W)_ F_;
```

其中:X(U)、Z(W)——螺纹终点坐标;

F——螺纹导程。

(2)注意事项

使用 G32 指令前需确定的参数如图 1-8 所示,各参数意义如下。α:锥螺纹锥角,如果 α 为零,则为直螺纹；δ_1、δ_2：为切入量与切除量。一般 $\delta_1=(1\text{-}2)P$、$\delta_2=0.5P$ 以上。

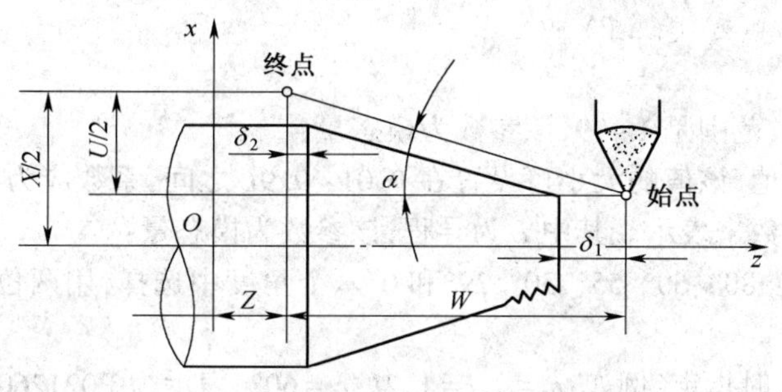

图 1-8　螺纹切削循环指令 G32

2. 螺纹切削循环指令 G92

(1)指令功能

螺纹切削循环 G92 为简单螺纹循环，该指令可以切削锥螺纹和圆柱螺纹，其循环路线与前述的单一形状固定循环基本相同，只是 F 后续进给量改为螺距值。

(2)编程格式

```
G92 X(U)_Z(W)_R_F_;
```

如图 1-9 所示，第一步刀具先沿 X 轴进刀至 X(U)坐标；第二步沿 Z 轴切削螺纹，到达 Z(W)坐标；第三步刀具沿 X 轴退刀至 X 初始坐标；第四步刀具沿 Z 轴返回初始坐标，加工结束。该指令实际上是把“快速进刀——螺纹切削——快速退刀——返回起点”四个动作合称为一个循环。X、Z 为螺纹终点的坐标值；U、W 为起点坐标到终点坐标的增量值；R 为锥螺纹终点半径与起点半径的差值，R 值正负判断方法与 G90 相同，圆柱螺纹 $R=0$ 时，可以省略；F 为螺距值。螺纹切削退刀角度为 45°。

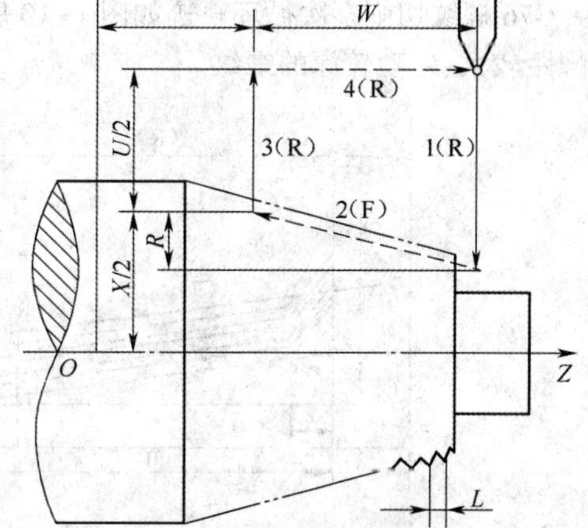

图 1-9　螺纹切削循环

(3)注意事项

①在螺纹切削期间，按下进给保持按钮时，刀具将在完成一个螺纹切削循环后再进入进给保持状态。

②G92 指令是模态指令，当 Z 轴移动量没有变化时，只需对 X 轴指定移动指令即可重复固定循环。

③执行 G92 循环，在螺纹切削的收尾处，沿接近 45°的方向斜向退刀。

④在执行 G92 指令期间，进给速度倍率、主轴倍率均无效。

3. 螺纹切削多次循环指令 G76

(1)指令功能

G76 螺纹切削多次循环指令较 G32、G92 指令简洁，在程序中只需指定一次有关参数，则螺纹加工过程可自动进行。

(2)编程格式

```
G76 P(m)(r)(a) Q_R_;
G76 X(U) Z(W) R(i) P(k) Q(Δd ) F(L);
```

其中：

m——精车重复次数,范围是1~99,该参数为模态量；

r——螺纹尾端倒角值,该值的大小可设置在0.01~9.9L之间,系数应为0.1的整数倍,用00~99之间的两位整数来表示。其中L为导程,该参数为模态量；

α——刀具角度,可从80°、60°、55°、30°、29°和0°六个角度中选择,用两位整数来表示。该参数为模态量；

m、r和α用指令P同时指定,例如:$m=2$,$r=1.2L$,$\alpha=60°$,表示为P021260；

Q——最小车削深度,用半径编程指定,单位μm,车削过程中每次的车削深度为($\Delta d\sqrt{n}-\Delta d\sqrt{n-1}$),当计算深度小于这个极限值时,车削深度锁定在这个值,该参数为模态量；

R——精车余量,用半径编程指定,单位mm,该参数为模态量；

X(U)、Z(W)——螺纹终点坐标；

i——螺纹半径差,方向与G92相同,如果$i=0$则为直螺纹；

k——螺纹高度,用半径编程指定,单位μm；

Δd——第一次车削深度,用半径编程指定,单位μm；

L——导程,如果是单线螺纹,则该值为螺距。

在上述两个指令中,Q、R、P地址后的数值应以无小数点形式表示。

(3)循环轨迹

G76螺纹切削多次循环轨迹如图1-10所示。由图可知,其以斜进法分层切削螺纹,因此更适合加工螺距较大、牙型较深的螺纹。

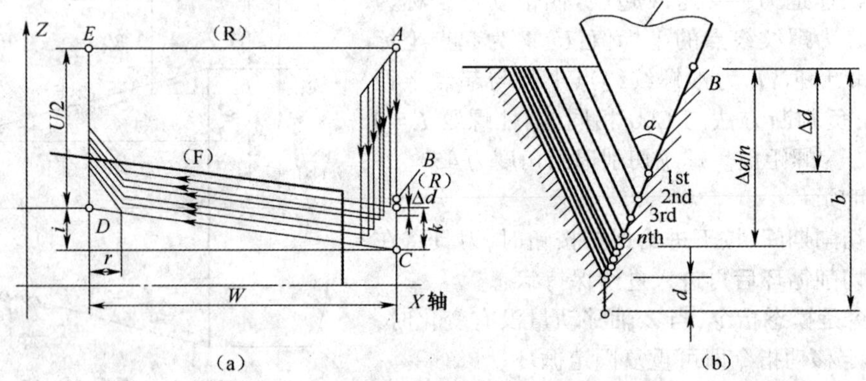

图1-10　G76螺纹切削多次循环轨迹

四、车削固定循环编程指令(G71、G72、G73、G70)

1. 内外径粗加工循环指令G71

(1)指令功能

该指令应用于圆柱棒料外圆表面粗车、加工余量大、需要多次粗加工的情形。

(2)编程格式

```
G71 U(Δd) R(e)
G71 P(ns) Q(nf) U(Δu) W(Δw) F(f) S(s)T(t)
```

其中：Δd——背吃刀量（切削深度）（2~5 mm）；

e——退刀量（1~3 mm）；

ns——精加工形状程序段中的开始程序段号；

nf——精加工形状程序段中的结束程序段号；

Δu——X 轴方向精加工余量（0.2~0.5 mm）；

Δw——Z 轴方向的精加工余量（0.2~0.5 mm）；

F、S、T——分别是进给量、主轴转速、刀具号地址符。

（3）加工路径

图 1-11 所示为 G71 粗车外圆加工走刀路线。刀具从循环起点 A 开始，快速退至 C 点，退刀量由 Δw 和 $\Delta u/2$ 决定；

快速沿 X 方向进刀 Δd 深度，按照 G01 切削加工，然后按照 45°方向快速退刀，X 方向退刀量为 e，再沿 Z 方向快速退刀，第一次切削加工结束；

沿 X 方向进行第二次切削加工，进刀量为 $e+\Delta d$，如此循环直至粗车结束；

进行平行于精加工表面的半精加工，刀具沿精加工表面分别留 Δw 和 $\Delta u/2$ 的加工余量；

半精加工完成后，刀具快速退至循环起点，结束粗车循环所有动作。

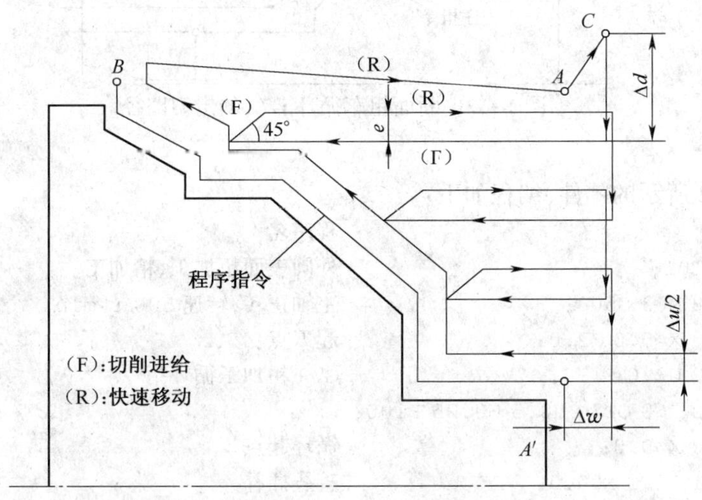

图 1-11　内外径粗车循环 G71 的走刀路径

2. 端面粗车循环指令 G72

（1）指令功能

该指令应用于圆柱棒料端面粗车，且 Z 向余量小、X 向余量大、需要多次粗加工的情形。

（2）编程格式

```
G72 U(Δd) R(e)
G72 P(ns) Q(nf) U(Δu) W(Δw) F(f) S(s) T(t)
```

其中：Δd——背吃刀量；

e——退刀量；

ns——精加工形状程序段中的开始程序段号；

nf——精加工形状程序段中的结束程序段号；

Δu——X 轴方向精加工余量；

Δw——Z 轴方向的精加工余量；

F、S、T——分别是进给量、主轴转速、刀具号地址符。

(3)加工路径

如图 1-12 所示为 G72 粗车循环的运动轨迹，与 G71 的运动轨迹相似，不同之处在于 G72 指令是沿着 X 轴方向进行切削加工的。

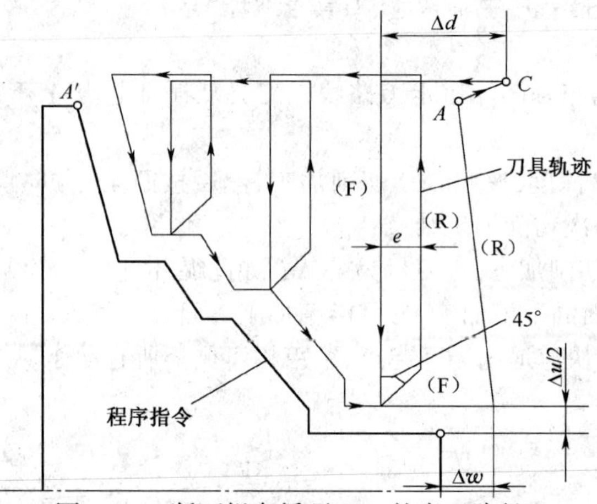

图 1-12　断面粗车循环 G72 的走刀路径

(4)编程实例

加工如图 1-12 所示的零件，编程如下：

O1234	程序名
N10　T0101;	外圆表面粗加工、精加工
N20　G98 M03 S500;	主轴正转，转速 500 r/min
N30　G00 X45.0 Z2.0;	起刀点：45,2
N40　G72 U2.0 R1.0;	G72 粗加工循环指令
N50　G72 P60 Q130 U0.5 W0.25 F100;	
N60　G00 X30.0;	循环起点
N70　G01 Z0.0 F60.0;	直线插补
N80　X32.0 Z-20.0;	直线插补
N90　Z-27.0;	直线插补
N100　X40.0;	直线插补
N110　X42.0 W-1.0;	直线插补
N120　Z-45.0;	直线插补
N130　X50.0;	直线插补
.....	

3. 固定形状粗车循环指令 G73

(1)指令功能

固定形状切削循环是一种复合固定循环。固定形状切削循环适于毛坯轮廓形状与零件轮廓形状基本接近时的粗车,例如一般铸、锻件的切削,对零件轮廓的单调性则没有要求。

(2)编程格式

```
G73 U(i)R(d);
G73 P(ns) Q(nf) U(Δu) W(Δw) F(f) S(s) T(t)。
```

其中:i——X 方向最大切削余量/深度;

d——粗切次数($d=i/(1\sim2.5)$);

ns——精加工形状程序段中的开始程序段号;

nf——精加工形状程序段中的结束程序段号;

Δu——X 轴方向精加工余量(0.5~1);

Δw——Z 轴方向的精加工余量(0.2~0.5);

F、S、T——分别是进给量、主轴转速、刀具号地址符。

(3)加工路径

图 1-13 所示为 G73 指令走刀路线,执行指令时每一刀切削路线的轨迹形状是相同的,只是位置不断向工件轮廓推进,这样就可以将成形毛坯(铸件或锻件)待加工表面加工余量分层均匀切削掉,留出精加工余量。

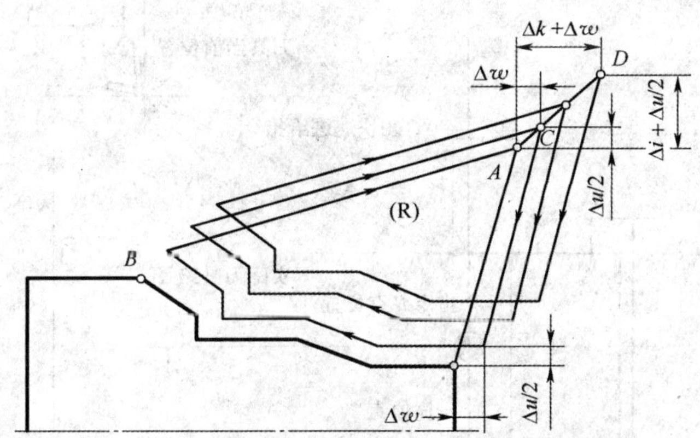

图 1-13　固定形状粗车循环 G73 指令的走刀路径

说明:

①G73 指令只适合于对已经初步成形的毛坯进行粗加工。对于不具备类似成形条件的工件,如果采用 G73 指令编程加工,则反而会增加刀具切削时的空行程,而且不便于计算粗车余量。

②“ns”程序段允许有 X、Z 方向的移动。

4. 精车固定循环指令 G70

(1)指令功能

当用 G71、G72、G73 指令粗车工件后,用 G70 指令来指定精加工循环,切除粗加工后留下的精加工余量。

(2)编程格式

```
G70 P(ns) Q(nf)
```

其中:ns——精加工程序的第一个程序段号;

nf——精加工程序的最后一个程序段号。

(3)注意事项

①在精车循环 G70 状态下,“ns”至“nf”程序中指定的 F、S、T 有效;如果“ns”至“nf”程序中不指定 F、S、T,粗车循环中指定的 F、S、T 有效,其编程方法见上述几例。

②在使用 G70 精车循环时,要特别注意快速退刀路线,防止刀具与工件发生干涉。

1. G00 指令编程实例

加工图 1-14 所示的零件,编程如下。

绝对值编程为:G00 X50.0 Z6.0;

增量值编程为:G00 U-70.0 W-84.0。

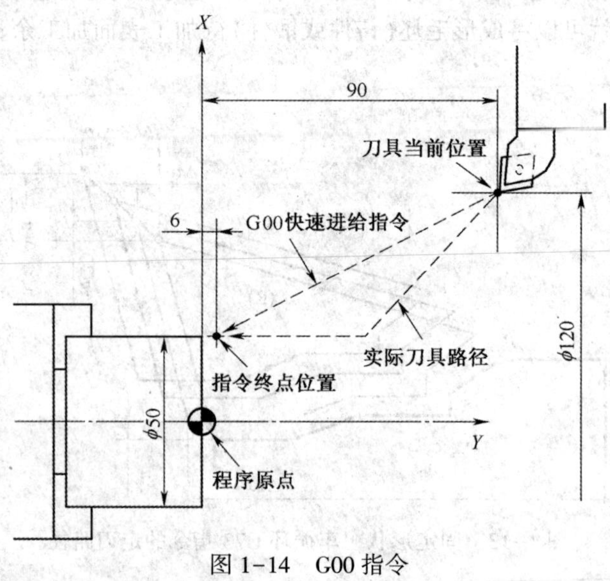

图 1-14　G00 指令

2. G01 指令编程实例

加工图 1-15 所示的零件,编程如下。

绝对值编程为:G01 X60.0 Z-80.0 F0.4;

增量值编程为:G01 U0 W-80.0 F0.4。

3. 圆弧插补指令编程实例

加工图 1-16 所示的零件,编程如下。

绝对值编程为:G02 X50 Z30 R25 F100; 或 G02 X50 Z30 I25 F100;

增量值编程为:G02 U20 W-20 R25 F100;或 G02 U20 W-20 I25 F100。

4. 刀具半径补偿指令编程实例

加工如图 1-17 所示的零件,编程如下:

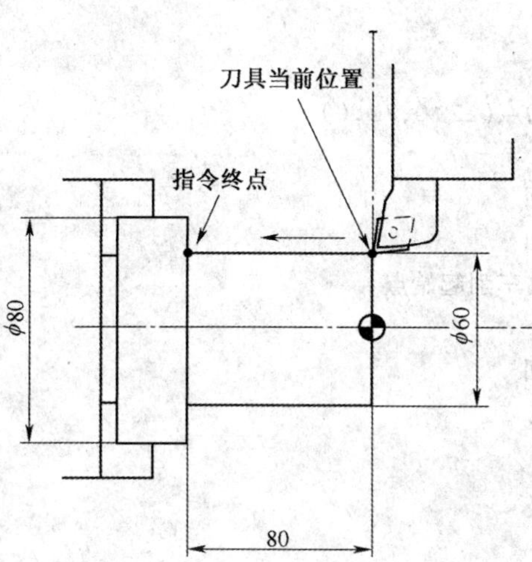

图 1-15　G01 指令

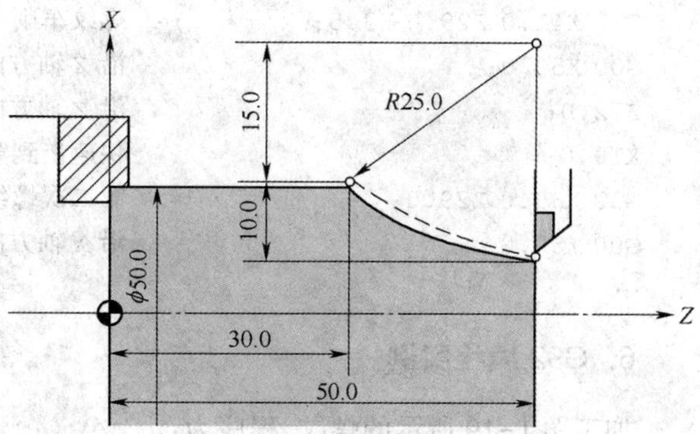

图 1-16　圆弧插补指令

```
O0001;
T0101;
M03 S1000;
G00 X-1 Z10;
G42 G01 X0 Z5 F100;
Z0;
G03 X30 Z-30 R30;
G01 Z-50;
X80 Z-70;
Z-90;
X85;
G00 G40 X100 Z50;
M30
```

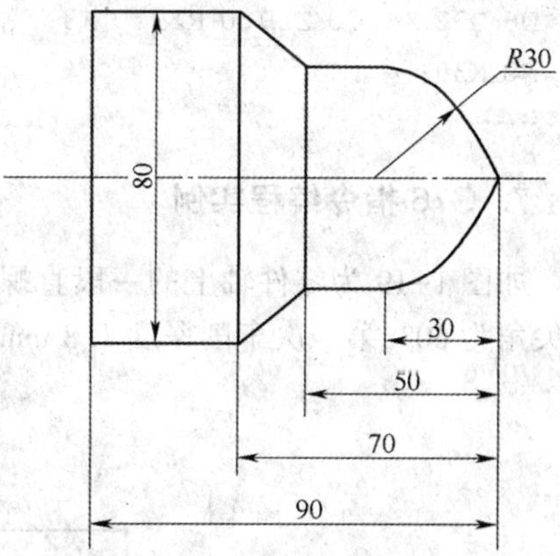

图 1-17　刀具半径补偿指令

5. G32 指令编程实例

螺纹加工实例:如图 1-18 所示,螺距 $L=3.5$ mm,螺纹高度 = 2 mm,$\delta_1=2$ mm、$\delta_2=1$ mm,分两次车削,每次车削深度为 1 mm。

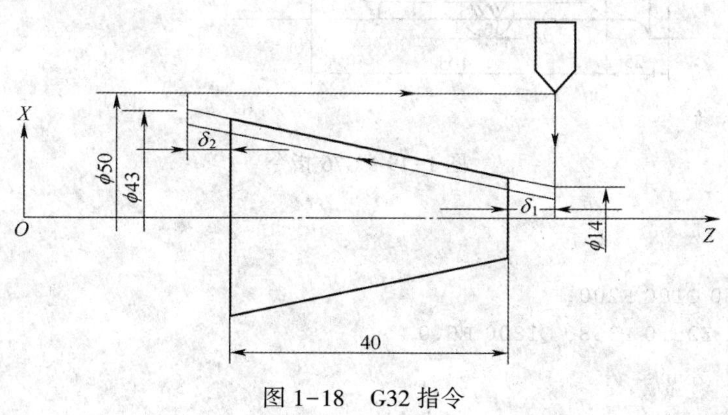

图 1-18　G32 指令

加工程序为：

……

```
G00 X12.0 Z72.0;                快速走到螺纹车削始点(12.0,72.0)
G32 X41.0 Z29.0 F3.5;           螺纹车削
G00 X50.0;                      沿 X 轴方向快速退回
Z72.0;                          沿 Z 轴方向快速退回
X10.0;                          快速走到第二次螺纹车削起始点
G32 X39.0 Z29.0;                第二次螺纹车削
G00 X50.0;                      沿 X 轴方向快速退回
```

……

6. G92 编程实例

加工图 1-19 所示的螺纹，程序为：

……

```
N4 G00 X12.0 Z72.0;                 快速走刀至螺纹车削始点(12.0,72.0)
N6 G92 X41.0 Z29.0 R29.0 F3.5;      螺纹车削
N8 X39;
```

……

7. G76 指令编程实例

如图 1-19 为零件轴上的一段直螺纹，螺纹高度为 3. 68 mm，螺距为 6 mm，螺纹尾端倒角为1. 1 L，刀尖角为 60°，第一次车削深度 1. 8 mm，最小车削深度 0. 1 mm。

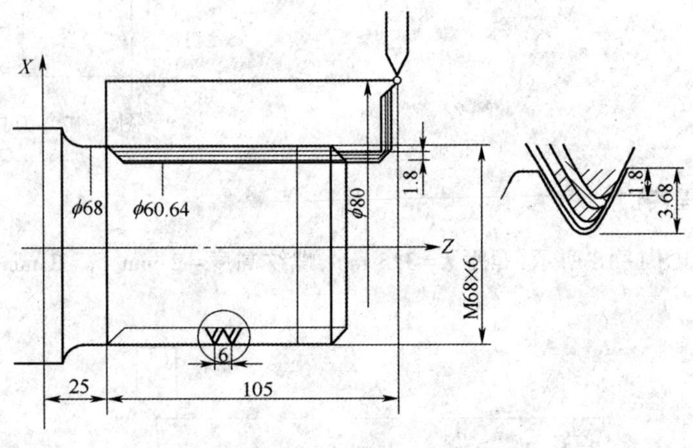

图 1-19　G76 指令

程序为：

……

```
N16 G76 P011160 Q100 R200;
N18 G76 X60.64 Z25.0 P3680 Q1800 F6.0
```

8. G71 指令编程实例

加工图 1-20 所示的零件，编程如下：

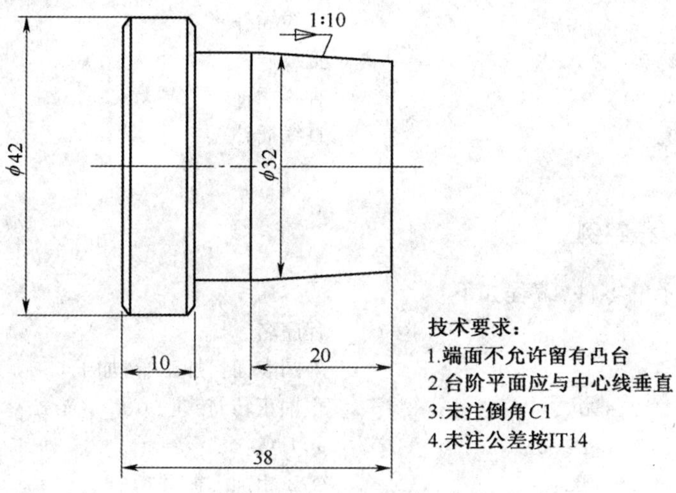

图 1-20　G71 指令

```
O1234                                       程序名
N10  T0101;                                 外圆表面粗加工、精加工
N20  G98 M03 S500;                          主轴正转，转速 500 r/min
N30  G00 X45.0 Z2.0;                        起刀点：45,2
N40  G71 U2.0 R1.0;                         G71 粗加工循环指令
N50  G71 P60 Q130 U0.5 W0.25 F100;
N60  G00 X30.0;                             循环起点
N70  G01 Z0.0 F60.0;                        直线插补
N80  X32.0 Z-20.0;                          直线插补
N90  Z-27.0;                                直线插补
N100  X40.0;                                直线插补
N110  X42.0 W-1.0;                          直线插补
N120  Z-45.0;                               直线插补
N130  X50.0;                                直线插补
……
```

9. G72 指令编程实例

加工图 1-20 所示的零件，编程如下：

```
O1234                                       程序名
N10  T0101;                                 外圆表面粗加工、精加工
N20  G98 M03 S500;                          主轴正转，转速 500 r/min
N30  G00 X45.0 Z2.0;                        起刀点：45,2
N40  G73 U8.5 R10;                          G73 粗加工循环指令
N50  G73 P60 Q130 U0.5 W0.25 F100;
```

```
N60  G00 X30.0;                    循环起点
N70  G01 Z0.0 F60.0;               直线插补
N80  X32.0 Z-20.0;                 直线插补
N90  Z-27.0;                       直线插补
N100  X40.0;                       直线插补
N110  X42.0 W-1.0;                 直线插补
N120  Z-45.0;                      直线插补
N130  X50.0;                       直线插补
……
```

10. G73 指令编程实例

加工图 1-20 所示的零件,编程如下:

```
O1234                              程序名
N10  T0101;                        外圆表面粗加工、精加工
N20  G98 M03 S500;                 主轴正转,转速 500 r/min
N30  G00 X45.0 Z2.0;               起刀点:45,2
N40  G73 U8.5 R10;                 G73 粗加工循环指令
N50  G73 P60 Q130 U0.5 W0.25 F100;
N60  G00 X30.0;                    循环起点
N70  G01 Z0.0 F60.0;               直线插补
N80  X32.0 Z-20.0;                 直线插补
N90  Z-27.0;                       直线插补
N100  X40.0;                       直线插补
N110  X42.0 W-1.0;                 直线插补
N120  Z-45.0;                      直线插补
N130  X50.0;                       直线插补
……
```

任务二　数控车床程序的输入与编辑

1. 了解数控车床面板的组成。
2. 掌握面板各按键的功能及用途。
3. 熟练掌握数控车床程序的输入与编辑。

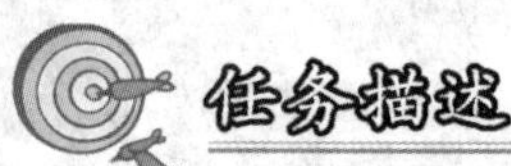

掌握数控车床面板按键功能及用途,并掌握程序的输入与编辑,包含程序检索、建立新程序、删除程序等操作。

相关知识

FANUC Oi MATE-TB 系统面板介绍：

CAK4085Di 型数控车床由沈阳第一机床厂生产，采用 FANUC Oi MATE-TB 数控控制系统。机床操作面板由两部分组成，机床控制面板和数控编辑面板，如图 1-21 所示。

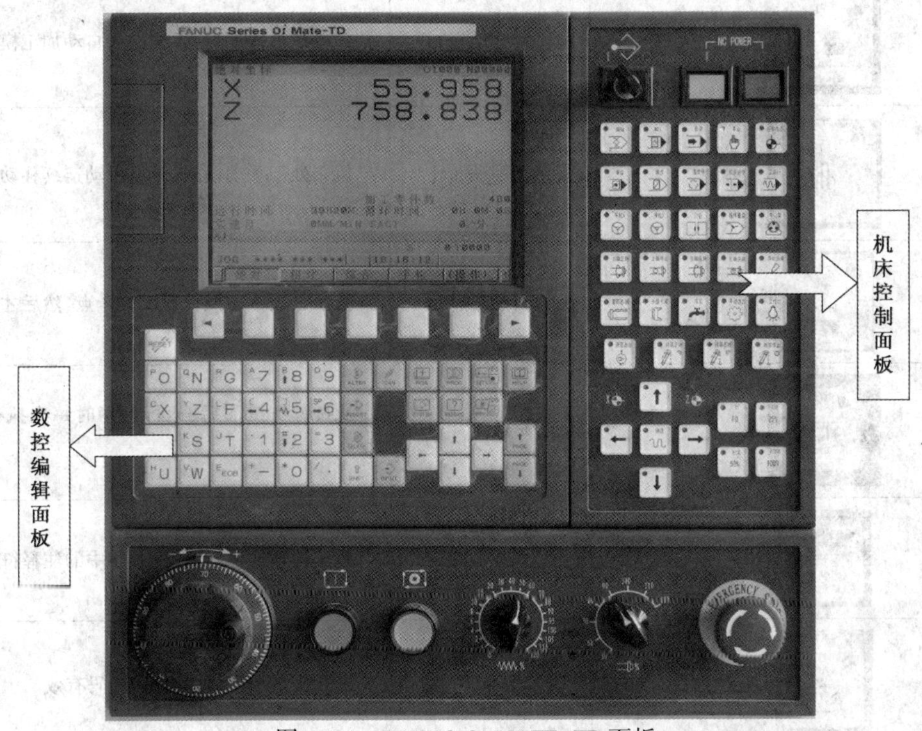

图 1-21　FANUC Oi MATE-TB 面板

1. 机床控制面板主要用于控制车床的运动和选择车床运行状态，有各种模式选择、数控程序运行控制开关等。按键功能见表 1-1。

表 1-1　FANUC Oi MATE-TB 数控系统的机床控制面板各按键及功能

按键符号	名称	功能说明
NC POWER	系统电源开关	按下【左/右】键，机床系统电源开/关
	钥匙	锁定程序
编辑	编辑	此按键被按下后，系统进入程序编辑状态，用于直接通过操作面板输入数控程序和编辑程序

续表

按键符号	名称	功能说明
MDI	MDI	此按键被按下后，系统进入 MDI 模式，手动输入并执行指令
自动	自动	此按键被按下后，系统进入自动加工模式
手动	手动	机床处于手动模式，可以手动连续移动
返参考点	回参考点	机床必须首先执行返回参考点，然后才可以运行
单段	单段	此按键被按下后，运行程序时每次执行一条数控指令
跳步	跳步	此按键被按下后，数控程序中的注释符号“/”有效
选择停	选择停	当此按键按下后，“M01”代码有效
机床锁定	机床锁	锁定机床
空运行	空运行	机床进入空运行状态
手轮X 手轮Z	手轮 X、Z	机床处于手轮控制模式
主轴正转 主轴停止 主轴反转 主轴点动	主轴控制按钮	从左至右分别为：正转、停止、反转、点动
导轨润滑	导轨润滑	按一下此键，机床会自动加润滑油

续表

按键符号	名称	功能说明
	冷却	冷却
	手动选刀	手动换刀
	工作灯	此键 ON,打开照明灯 此键 OFF,关闭照明灯
	X、Z 方向	在手动状态下,按下该按键则机床移动 X、Z 轴
	快速按键	按下该按键,机床处于手动快速状态
	倍率	调节运行时的进给速度倍率

2. 数控编辑面板主要用于对数控程序进行输入和编辑并显示刀具位置和轨迹的图形。按键功能见表 1-2。

表 1-2　FANUC Oi MATE-TB 系统数控编辑面板按键与功能说明

按键符号	名称	功能说明
	 位置显示键	显示刀具的坐标位置
	 程序显示键	在编辑模式下显示存储器内的程序;在"MDI"模式下,输入和显示 MDI 数据;在自动模式下,显示当前待加工或者正在加工的程序
	 参数设定/显示键	设定并显示刀具补偿值、工件坐标系以及宏程序变量

续表

按键符号	名称	功能说明
	 系统显示键	系统参数设定与显示，以及自诊断功能数据显示
	 报警信息显示键	显示 NC 报警信息
	 图形显示键	显示刀具轨迹等图形
	X、Z 轴选择按键	在手动状态下，按下该按键则机床移动 X、Z 轴
	段结束符	段结束符号
	复位键	用于所有操作停止或解除报警，CNC 复位
 程序功能键	 替换键	在编辑模式下，替换光标所在位置的字符
	 插入键	在编辑模式下，在光标后输入的字符
	 删除键	在编辑模式下，删除已输入的字及 CNC 中存在的程序
	上档键	用于输入处在上档位置的字符

续表

按键符号	名称	功能说明
INPUT	输入键	加工参数的输入
CAN	取消键	清除输入缓冲器中的文字或者符号
↑PAGE PAGE↓	光标翻页键	向上或者向下翻页
	地址和数据键	用于NC程序的输入

任务实施

程序的输入与编辑

1. MDI 功能(手动数据输入)

状态,主要用于两个方面,一是修改系统参数;二是用于简单的测试操作,即通过数控系统键盘输入一段程序,然后按【启动】键,便可执行此段程序。执行完可立即自动清除该程序。其操作步骤如下:

(1)按【MDI】键,键指示灯亮,进入MDI操作方式。

(2)按【PROG】键,准备输入程序。

(3)通过CNC字符键盘输入数控的指令字。

(4)待全部指令字输入完毕后,按【循环启动】键,该键指示灯亮,程序进入执行状态,执行完毕后,指示灯灭,程序指令随之删除。

注意:在MDI方式下,同一程序段的指令要多次执行,必须重新输入,一次只能执行一个程序段。

2. 编辑功能

以下操作都是在按 画面下进行的。

(1)程序检索

按“O××××”(程序名),再按“检索”,此时所要查看的程序就会在显示屏上显示出来。

(2)建立新程序

在键盘上按“O××××”(程序名),按键,则该程序建立完成了,就可以在程序里输入内容了。

在输入指令时,地址或字不会马上进入程序段中,而首先在临时内存中,如果发现输入到临时内存中的地址或字有错误时,则按清除。在按下后,临时内存中的字才会真正输入到数控系统内存中。如果发现输入到内存中的地址或字有错误,可以按以下方法进行修改。

①修改程序:将光标移到要修改的字上,重新输入正确的字,按进行替换。例如:将 X50.0 改为 X40.0。将光标移动至“X50.0”输入“X40.0”按【ALETR】键。

②删除字:将光标移到错误的字下,按【DELETE】键删除错误的字。例如 N10 G00 X20.0 Z10.0 删除 Z10.0. 将光标移动至“Z10.0”按【DELETE】。

③插入字:将光标移至要插入的字后一个字的位置,输入要插入的字,按键。例如 N10 G00 Z10.0 插入 X20.0,使程序段变为 N10 G00 X20.0 Z10.0。将光标移至“Z10.0”处,输入“X20.0”按【INSERT】键,插入完成。

④删除程序段:将光标移动至要删除的程序段第一个字,按键,再按键,例如删除程序段 N10 G00 X20.0 Z10.0 将光标移至“N10”处,按【EOB+DELETE】键。

(3)删除程序:输入要删除的程序号如 O1234 系统会询问“要执行吗”,点“执行”,O1234 即被删除。

任务三 数控车床编程实例

任务目标

1. 熟练掌握数控车床加工的基本编程方法。
2. 会对一些基本零件进行编程。

任务描述

通过本任务的学习,掌握阶梯轴类零件的外圆编程;圆弧及圆角类零件的编程以及螺纹零件的编程。

任务实施

一、阶梯轴类零件的外圆编程

编制图 1-22(a)、图 1-22(b)所示零件的数控加工程序,毛坯几何尺寸为 ϕ46 mm×100 mm。

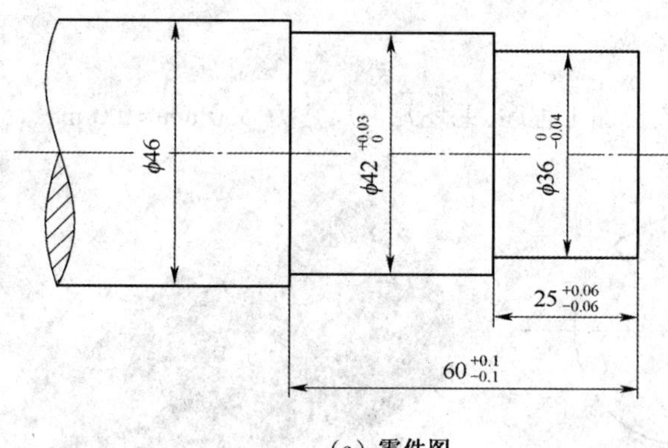

（a）零件图

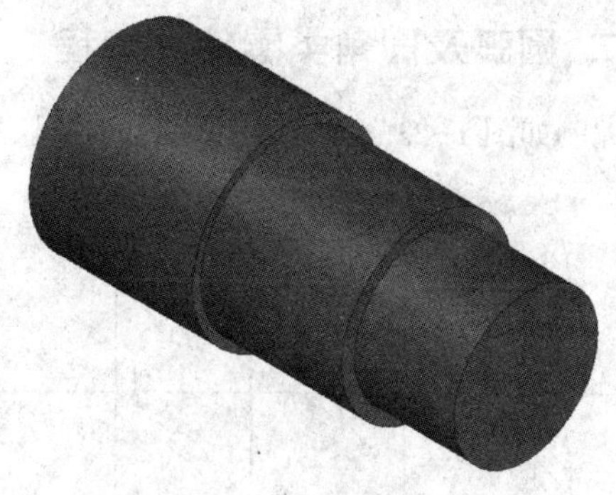

（b）立体图

图 1-22　加工图

程序内容		注释
O0001		程序名
N10	G18　G21　G97　G98；	程序初始化
N20	M03　S600；	主轴正转，转速为 600 r/min
N30	T01；	选刀
N40	G00　X48.0　Z2.0；	快速到达起刀点
N50	G01　X42.5　F300；	粗车 φ42 mm 的外圆，背吃刀量为 1.75 mm
N60	Z-60.0；	
N70	X48.0；	
N80	G00　Z2.0；	刀具返回起始点
N90	G01　X36.5　F300；	粗车 φ36 mm 的外圆，背吃刀量为 3 mm
N100	Z-25.0；	
N110	X48.0；	
N120	G00　Z2.0；	刀具返回起始点
N130	M00；	
N140	M03　S800；	主轴止转，转速为 800 r/min
N150	G01　X36.0　F100；	轮廓精车
N160	Z-25.0；	
N170	X42.0	
N180	Z-60.0	
N190	X48.0	
N200	G00　X100.0　Z50.0	快速退刀，远离工件
N210	M05	主轴停止
N220	M30	程序结束

二、圆弧及圆角类零件的编程

编制如图 1-23(a)、图 1-23(b)所示零件的数控加工程序,毛坯几何尺寸为 ϕ50 mm×100 mm。

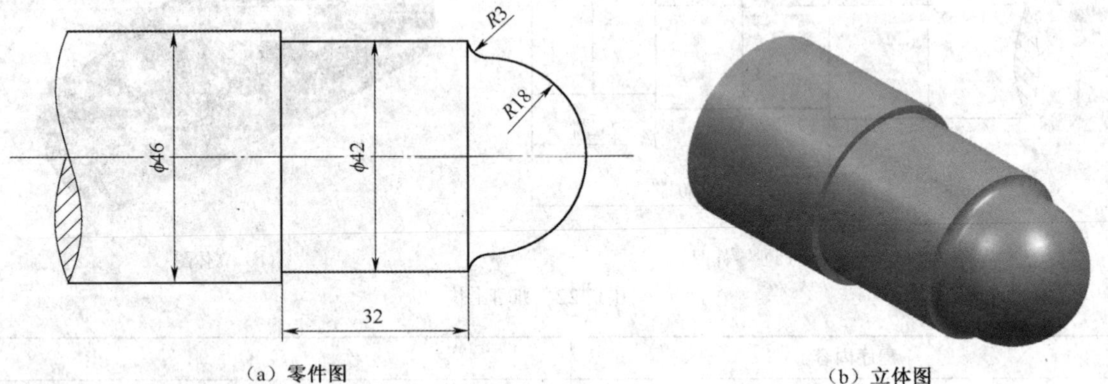

(a) 零件图　(b) 立体图

图 1-23　加工图

程序内容		注释
O0002		程序名
N10	G17 G54　G90　G21　G40 G49 G80	程序初始化
N20	M03　S800	主轴正转,转速为 800 r/min
N30	T0101	选刀
N40	G00　X50　Z10	定位退刀点
N50	X0　Z6.5	粗加工第一刀起点
N60	G03 X49　Z-18　R24.5　F1.5	粗加工第一刀
N70	G00　X50　Z10	返回退刀点
N80	X0　Z4.5	粗加工第二刀起点
N90	G03 X45　Z-18　R22.5　F1.5	粗加工第二刀
N100	G00　X50　Z10	返回退刀点
N110	X0　Z2.5	粗加工第三刀起点
N120	G03 X41　Z-18　R20.5　F1.5	粗加工第三刀
N130	G02　X42　Z-18.5　R0.5	粗加工第三刀
N140	G00　X50　Z10	返回退刀点
N150	X0　Z0.5	粗加工第四刀起点
N160	G03 X37　Z-18　R18.5　F1.5	粗加工第四刀
N170	G02　X42　Z-20.5　R2.5	粗加工第四刀
N180	G00　X50　Z10	返回退刀点
N190	S1000	精加工主轴转速为 1 000 r/min
N200	X0　Z0	粗加工第四刀起点
N210	G03 X36　Z-18　R18　F0.5	精加工
N220	G02　X42　Z-21　R3	精加工
N230	G00　X50　Z10	返回退刀点
N240	M05	主轴停转
N250	M30	程序结束

三、螺纹类零件的编程

编制如图 1-24(a)、图 1-24(b)所示零件的数控加工程序,毛坯几何尺寸为 $\phi50$ mm×100 mm。除螺纹外其他工序已加工完成。

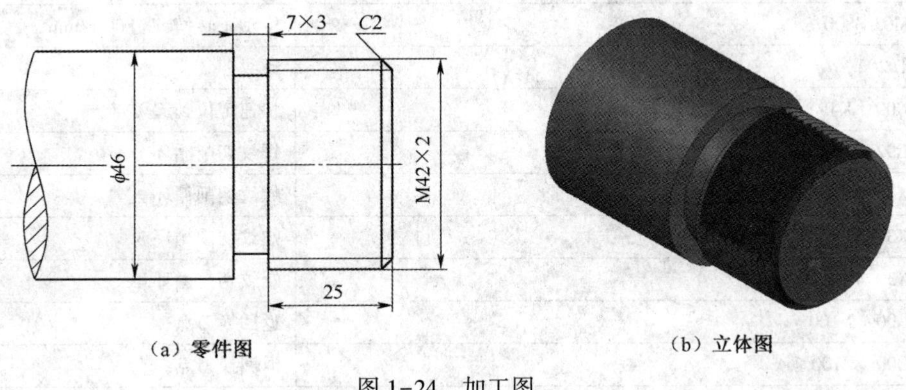

(a) 零件图　　(b) 立体图

图 1-24　加工图

1. 单行程螺纹切削 G32 编程

程序内容		注释
O0005		程序名
N10	M03 S800	主轴正转,转速 800 r/min
N20	T0202	螺纹刀
N30	G00　X41　Z3	快速定位到起刀点
N40	G32　Z-26　F2	切削螺纹
N50	G00　X45	退刀
N60	G00　Z3	返回
N70	G00　X40.2	快速定位到起刀点
N80	G32　Z-26　F2	螺纹切削
N90	G00　X45	退刀
N100	G00　Z3	返回
N120	G00　X39.6	快速定位到起刀点
N130	G32　Z-26　F2	螺纹切削
N140	G00　X45	退刀
N150	G00　Z3	返回
N160	G00　X39.4	快速定位到起刀点
N170	G32　Z-26　F2	螺纹切削
N180	G00　X100	返回换刀点
N190	G00　Z100	返回换刀点
N200	M05 M30	程序结束

2. 螺纹切削循环指令 G92 编程

程序内容		注释
O0005		程序名
N10	M03 S800	主轴正转,转速 800 r/min
N20	T0202	螺纹刀
N30	G00 X45 Z3	快速定位到起刀点
N40	G92 X41 Z-26 F2	螺纹切削循环 1
N50	X40. 2	螺纹切削循环 2
N60	X39. 6	螺纹切削循环 3
N70	X39. 4	螺纹切削循环 4
N80	G00 X100	返回换刀点
N90	G00 Z100	返回换刀点
N100	M05 M30	程序结束

项目二

手工编程部分

本项目主要介绍 FANUC 数据车床手工编程及操作步骤，其中包括 FANUC 数控车床的基本操作过程，程序手工输入，对刀操作等，并配以轴、套类零件及复杂零件的具体加工操作步骤。

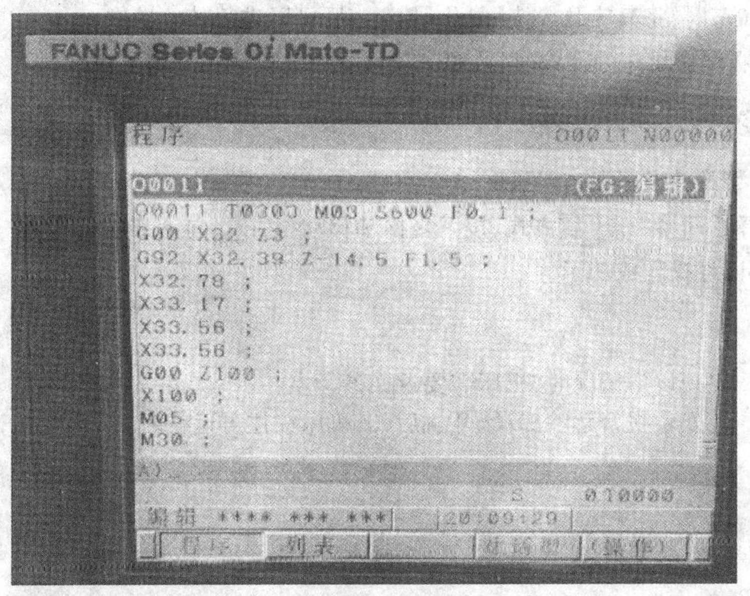

任务 数控车床的基本操作过程

任务目标

1. 通过教师讲解与示范操作，使学生熟悉面板的组成。
2. 熟练掌握机床操作面板各按键的功能及用途。
3. 能正确对刀，进行刀具补偿和加工。

4. 能够正确使用机床,并对生产过程中出现的问题具有一定的独立处理能力。
5. 培养学生的沟通能力及团队协作精神。

认识面板,了解面板上各键功能用处,正确操作机床。

数控车床手动操作包括:机床开启和关闭,手动返回参考点,手动和手轮操作,录入和编辑程序,主轴运转,对刀操作,刀补输入,图形模拟,程序校验,加工。

1. 机床开启和关闭

机床的开启:首先检查机床的外部情况和冷却液是否关闭,确认无误后,先旋转开关,再按【启动】按钮,等待 CRT 显示屏进行自检(此时一定不要按其他按键),看机床有没有报警,当【急停】按键处于关闭状态时,将其旋开。按【复位】键后可以进行其他操作。

机床的关闭:在结束机床的操作时,按照先关系统后关机床的顺序关机。

2. 手动返回参考点

确认无任何报警的情况下,进行返回参考点的操作。

操作步骤:选择返回参考点方式,按下坐标轴移动键,(向下和向右)CRT 显示屏上返回参考点的指示灯亮说明已经操作成功了。

出现以下情况时,机床需要返回参考点:
①发生报警解除后;②开机后;③机床锁住再运行时。

3. MDI 操作(手动数据输入)

状态下,输入一个程序段,按【启动】键,立即执行此段程序。这种方法可用于简单的测试操作,执行完可立即自动清除该程序。如 MDI 状态下输入 M03 S800 按【INSERT】键主轴正转执行。

4. 手动和手轮操作

手动操作:按键,系统处于手动方式。根据需要移动的方向,连续按坐标轴移动键(可同时按下方向键及快速移动键)。刀架向相应的方向移动。开关一释放,刀具停止移动。手动连续进给速度可由手动进给速度倍率刻度盘或进行调整。

手轮操作:按手轮键,系统处于手轮方式。按选择手轮移动轴,根据需要移动方向。通过进行倍率调整。

1. 选择手轮和手动操作时要考虑具体情况，一般手操作轮和低倍率用于靠近工件时。
2. 顺时针为正，逆时针为负。

5. 程序录入和编辑

以下操作都是在按 画面下进行的。

建立一个新程序:输入新程序名如 O1234 后按 键,则 O1234 程序建立完成了,就可以在程序 O1234 里输入内容了。

查找程序:如查找 O1111 输入 O1111 后按“检索”,O1111 即被调出。

修改程序:例如:将 X50.0 改为 X40.0。将光标移动至 X50.0 输入 X40.0,按 键。

删除字:例如 N10 G00 X20.0 Z10.0 删除 Z10.0。将光标移动至 Z10.0 处,按 键。

删除程序段:例如 O1234;
N10 G00 X20.0 Z10.0;
将光标移动至要删除的程序段第一个字 N10 处,按 键,按 键。

插入字:例如 N10 G00 Z10.0 插入 X20.0,使程序段变为 N10 G00 X20.0 Z10.0。将光标移动至要插入的字前一个字的位置(Z10.0)处,键入 X20.0 按 键。插入完成。

删除程序:输入要删除的程序号如 O1234 系统会询问“要执行吗”,点“执行”,O1234 即被删除。

6. 主轴运转

选择手动方式 。

按下【主轴正转】 ,指示灯亮,主轴正转。

按下【主轴反转】 指示灯亮,主轴反转。

按下【主轴停转】 指示灯亮,主轴停止运转。

按下【主轴点动】 指示灯亮,主轴点动。

7. 对刀操作(试切法对刀建立刀补)

试切法对刀就是通过试切、测量,建立编程坐标系(工件坐标系)的原点在机床坐标系中的位置,将两个坐标系联系起来,然后由数控系统对刀具的移动路线和速度进行控制,完成切削加工。

对刀过程:

(1) *X* 轴对刀(*X* 轴刀具补偿设置)。

选择手动方式 ,按【手动选刀】 键选择刀具(如一号刀),再选择合适的转速,使主轴正转,选择合适的速度移动刀具,试切一小段工件外圆(见图 2-1)后沿着 *Z* 方向退刀。主轴停转,测量试切段

图 2-1 试切工件外圆

工件外径(如为 X39.80),按键显示刀具补偿设置画面(见图 2-2),按【形状】键显示形状补偿画面,光标移动至要设置的刀具号。输入直径测量值“X39.80”,按【测量】键确认输入数据,系统自动计算刀补值。一号刀 *X* 轴刀具补偿设置完成。

偏置 / 形状　　O7894 N00000

号	X轴	Z轴	半径	TIP
G 001	51.930	232.089	0.000	0
G 002	-174.086	-1075.290	0.000	0
G 003	-3.860	231.900	0.000	0
G 004	-6.100	234.733	0.000	0
G 005	-4.140	-52.762	0.000	0
G 006	-4.120	-52.862	0.000	0
G 007	-4.040	-53.072	0.000	0
G 008	0.000	0.000	0.000	0

相对坐标 U -45.290 W -435.820

)X39.80_

S 0 T0000

HND **** *** *** 20:05:38

号搜索 | 测量 | C输入 | +输入 | 输入

图 2-2 刀具补偿设置画面

(2) *Z* 轴对刀(*Z* 轴刀具补偿设置)。

启动主轴,手动试切工件端面(见图 2-3)沿 *X* 轴退出,停主轴,输入“Z0”,按【测量】键,则一号刀 *Z* 轴刀具补偿设置完成。

图 2-3　试切工件端面

为了编程方便，工件坐标系原点 Z 向通常设置在左右端面上，如设在左端面上 Z 输入值为工件长度值。如设在右端面上 Z 输入值为 0。

8. 自动运行

自动运行：按后按键打开程序，按【自动启动】键进行操作。

(1)图形模拟，程序校验：在进行实际加工前可用来检查所编制的程序是否正确（即使程序正确，加工的零件也不一定合格，还要进行首件试切）。按【自动启动】键。此时机床（刀具）不移动，但显示器上的各轴位置在改变（注：在机床锁住状态下，M、S 和 T 指令被执行）。可按【轨迹显示】键，监控刀具的切削过程。

如果程序出错系统会报警，可修改程序后再检验。

(2)单段运行：每按一次程序启动按键，都会执行程序中的一个程序段，然后机床停止。在单段运行模式中用可一段一段执行程序来检查程序。

(3)程序段跳读：在自动方式时按下此键，跳过程序段开头带有“跳步符”的程序。跳步符为“/”，一般放置于程序段前。

(4)机床空运行：选择各轴以固定的速度（参数设定的快速移动速度）运动，主要用于工件从工作台上卸下时检查刀具的运动轨迹是否符合编程要求。

学生操作练习

(1)分配工位,学生以小组为单位轮流进行操作练习、机床面板操作练习。

(2)进行安全文明操作教育,强调学生操作练习时的安全注意事项,检查学生工作服穿着情况,女生要戴安全帽,男生不准戴手套,严格按数控车床的操作规程进行操作训练。

练习步骤:

①开机;

②手动返回参考点;

③MDI 输入:输入“M03 S800”,使主轴正转,输入“M05”停止主轴;

④手动和手轮操作 X 和 Z 值;

⑤录入和编辑程序;

⑥图形模拟,程序校验;

⑦对刀操作(建立刀补);

⑧加工;

⑨检测工件。

加工工件操作流程:

合上电源总开关,机床正常送电。

接通电按钮,给数控系统送电。

选择返回参考点方式,将X轴Z轴分别返回参考点,参考点灯全亮。

输入加工程序,检查输入无误。

锁住机床,空运行程序,验证程序的正确性,特别要仔细观察各程序段的坐标尺寸是否无误。完毕后务必要取消空运行操作。

放开机床,装夹试切工件。手动选择各个刀具,用试切法测量各刀的刀补,并置入程序规定的刀补单元。

调出当前加工件的程序,选自动操作方式,选择合适的进给倍率和主轴倍率,按【循环启动】键,开始循环加工。首件加工时应选较低的快速倍率,并利用单程序段功能,可减少程序和对刀错误引起的故障。

首件加工完毕后测量各加工部位尺寸,可修改各刀的刀补值,然后加工第二件。确认无误后恢复快速倍率100%,加工全部工件。

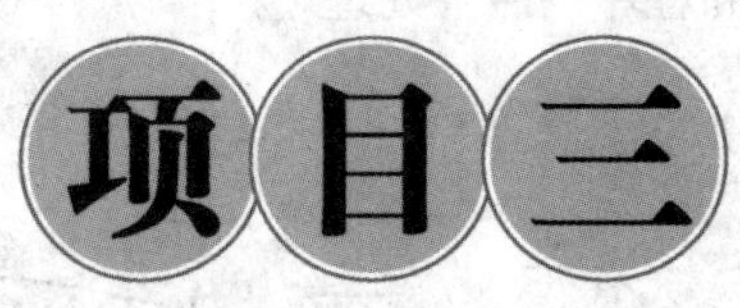

自动编程部分

本项目主要介绍FANUC数控车床的自动编程的方法及步骤，其中包括运用CAXA数控车软件对轴类、套类、复杂类零件进行加工的加工方法和具体的操作步骤。

任务一 CAXA数控车软件应用

任务目标

1. 掌握软件的基本绘图功能。
2. 学习用CAXA软件造型、后置处理。

任务描述

在实际生活中，大家见过各种各样的手柄，下面以图 3-1，图 3-2 所示手柄为例，介绍手柄的造型和程序的后置处理。

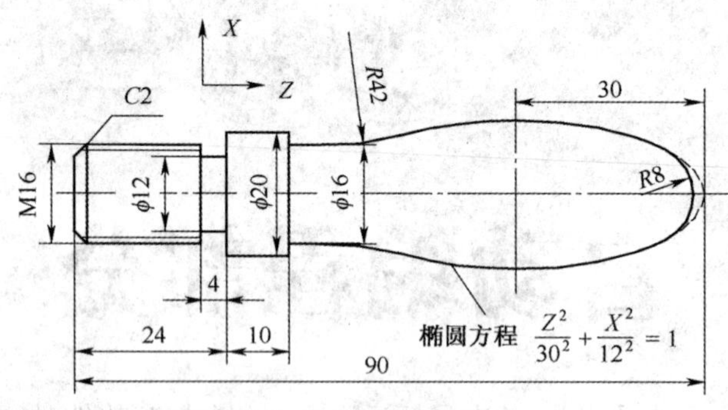

图 3-1　手柄的零件图

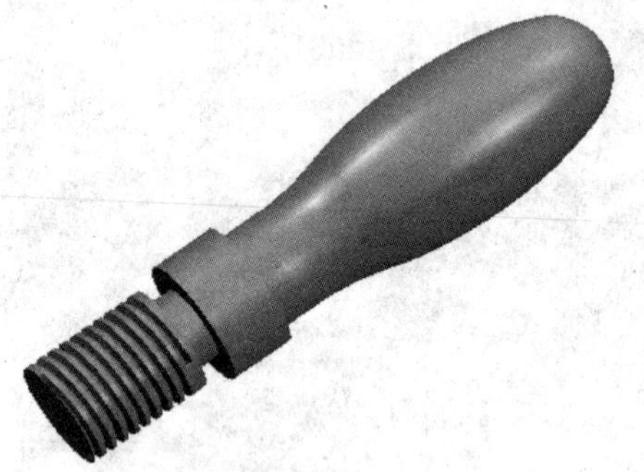

图 3-2　手柄的造型图

相关知识

1. 手柄的轮廓分析

零件手柄的轮廓线由直线、椭圆、螺旋线和圆弧所构成，该零件图的加工难点在于由 *R*42 的圆弧段、椭圆曲线和 *R*8 圆弧段相切形成的光滑曲面的编程计算，若采用手工编程，则各段曲线相切处的节点计算非常复杂，必须借助计算机辅助绘图。另外该段特殊曲面的轮廓变化为凹凸相间，采用宏程序编程时只能使用 G73 循环指令，该指令会导致出现多次走空刀的现象，降低了加工效率。

2. 手柄的加工工艺分析

手柄零件的数控加工流程包括外轮廓、外槽和外螺纹的粗加工及精加工，零件的加工难点在于特殊弧形外轮廓的编程加工。因此，下面着重介绍基于 CAXA 数控车软件的特殊弧形外轮廓的粗、精加工编程。

在利用 CAXA 数控车软件对零件进行数控自动编程加工前，首先要对零件进行加工工艺分析，正确划分加工工序，选择合适的加工刀具，设置相应的切削参数，确定加工路线和刀具轨迹，以保证零件的加工效率和加工质量。

（1）确定毛坯及装夹方式

根据零件图选毛坯为 ϕ28 mm×130 mm 的圆棒料，材料为 45 钢。该零件为实心轴类零件，使用普通三爪自定心卡盘夹紧工件，并且轴的伸出长度适中（100 mm）。以工件的圆弧 *R*8 的右端点为工件原点建立编程坐标系。

（2）确定数控刀具及切削用量

根据手柄零件特殊外轮廓的加工要求，选择刀具及切削用量见表 3-1。

表 3-1 外轮廓加工的刀具选择及切削用量

加工内容	刀具规格	刀具及刀补号	主轴转速 (r/min)	进给速度 (mm/r)
外轮廓的粗加工	主偏角 $K_r=90°$ 的硬质合金车刀	T0101	500	0.3
外轮廓的精加工	主偏角 $K_r=90°$，负偏角为 30°的外圆精车刀	T0202	900	0.1

了解 CAXA 软件

1. CAXA 概述

CAXA 制造工程师软件是北京北航海尔软件公司自主开发研制的基本微机平台、面向机械制造业的全中文三维界面的 CAD/CAM 软件。该软件利用灵活、强大的实体曲面混合造型功能和丰富的数据接口，可实现产品复杂的三维造型设计，并具有数控加工刀具路径仿真、检测和适于多种数控机床的通用后置处理功能。通过加工工艺参数和机床兵团的设定选取需要加工的部分，可自动生成适用于任何数控系统的加工代码；再通过直观的加工仿真和代码反读来检验加工工艺和代码质量，实现了从造型设计到加工代码生成、校验的一体化。CAXA 是该软件的新版本。

2. CAXA 基本工作过程

(1)建立被加工零件的几何模型。CAXA 提供实体特征造型和曲面造型两种方法，也可二者混合造型。造型过程中，主要利用其 CAD 部分的曲线生成、曲面生成和特征生成功能，并同时灵活应用线面编辑和几何变换功能，从而大大提高了造型效率。造型过程中和造型结束后，可随时修改特征参数的相关部分。

(2)根据所确定的加工工艺过程生成刀具轨迹。可根据所确定的加工工艺过程设置一些通用的选项，如切削用量、进退刀参数、下刀参数、清根参数和刀具参数等。在各种轨迹生成功能中，刀具轨迹生成模块主要有如下功能：平面轮廓加工、平面区域加工、参数线加工、限制线加工、曲面轮廓加工、曲面区域加工、投影加工、曲线加工、粗加工、等高线加工、等高线补加工、钻孔和轨迹生成批处理。

(3)利用仿真功能进行加工轨迹的检验。仿真方式分为实时仿真和快速仿真两种。采用实时仿真时可实时观察到刀具走过的路线和仿真的中间结果；采用快速仿真时用户看不到刀具加工的过程，而是看到经过仿真计算后直接给出的最后结果。希望实时观测仿真的结果时，可选择实时仿真；希望加快仿真速度，只关心最后结果时，可选择快速仿真。

(4)后置处理(生成加工代码、校验代码)。针对不同的机床，设置不同的机床参数和特定的数控代码程序格式，生成与机床相适应的数控程序，同时还可以对生成的机床代码的正确性进行校核。后置处理包括后置参数设置、生成 G 代码、校核 G 代码功能。

(5)将数控代码传给数控机床进行加工。

一、毛坯及外轮廓的加工模型准备

1. 建立加工模型

在 CAXA 数控车软件中对加工对象进行轮廓建模时,需要同时给出毛坯轮廓和加工对象的外轮廓,轮廓的建模可以通过 CAXA 数控车软件直接绘制或者利用 AutoCAD 中 dxf 图形文件的导入来实现。无论是采用直接绘图还是间接导入的方式,都只需要画出零件的加工轨迹轮廓,不需要画出完整的零件图,且无需考虑最后切断的加工长度和直径方向的余量,直接按照手柄的外轮廓最终尺寸进行绘制,加工余量则通过毛坯轮廓的建模来体现。

在 CAXA 数车软件中导入 dxf 格式图形文件的具体步骤为:首先利用 AutoCAD 软件绘制好所需的毛坯及手柄外轮廓,并将其保存为 dxf 格式文件,然后利用 CAXA 数车中的数据输入功能,将 dxf 文件读入到 CAXA 数车的界面中。毛坯及手柄的具体外轮廓图,如图 3-3 所示。

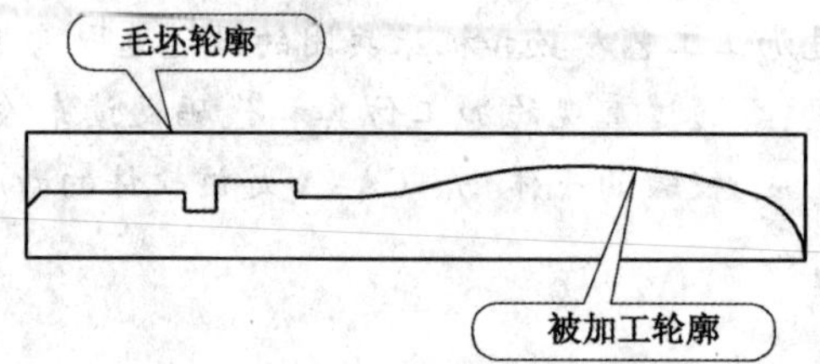

图 3-3　手柄的毛坯和被加工轮廓图

2. 建立加工坐标系

在使用 CAM 软件编程时,为了使程序简单,通常使用加工坐标系(MCS)确定被加工零件的原点位置。加工坐标系决定了刀具轨迹的零点,刀具轨迹中的坐标值均相对于加工坐标系。

为了便于对刀,加工坐标系的原点通常设置在毛坯上表面的中心或靠近操作者一侧的顶角处(矩形毛坯),加工坐标系的 Z 轴方向必须和机床坐标系 Z 轴方向一致。

在使用 CAXA 制造工程师软件进行编程时,可以选择造型时使用的系统坐标系(sys)或其他辅助坐标系作为加工坐标系。

二、外轮廓的自动编程

1. 外轮廓粗车加工

根据加工工艺中先粗后精的加工原则,首先对手柄的外轮廓进行粗车加工,单击 CAXA 数车工具栏上的“轮廓粗车”图标,根据加工要求填写各项加工参数、进退刀方式、切削用量的粗车参数表,加工参数和轮廓车刀选取如图 3-4、图 3-5 所示。所需注意的是在当前轮廓车刀中,只有一把名称为“Lt0”的车刀,应根据实际加工需要添加所需外轮廓车刀,并根据要求设置好相应的刀具参数。

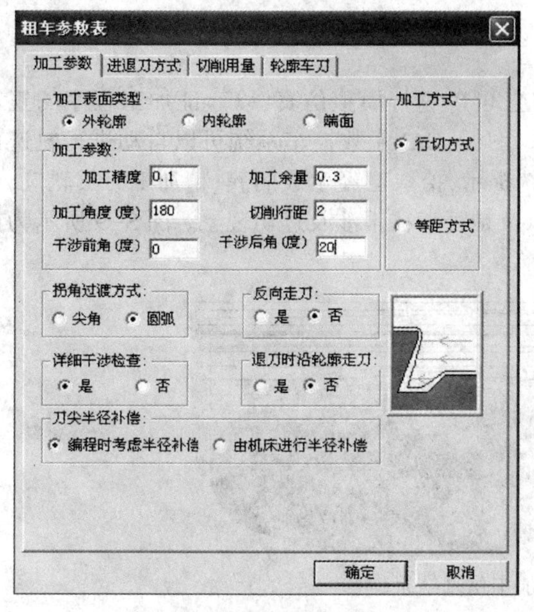

图 3-4　粗车加工参数设定

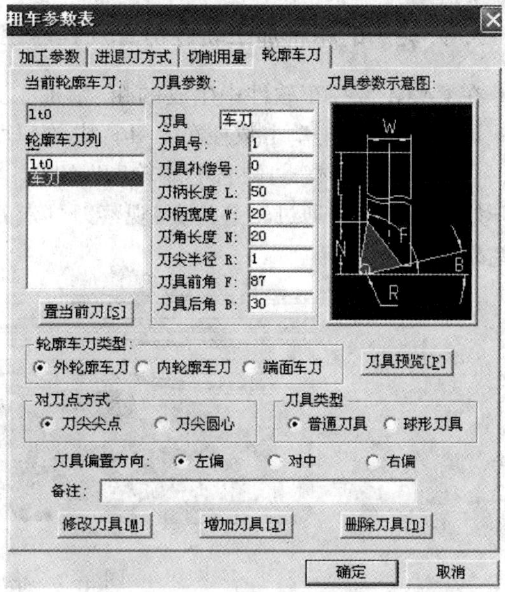

图 3-5　粗车轮廓车刀参数设定

在各项参数设置结束之后，根据系统提示分别拾取图 3-3 中的被加工轮廓和毛坯轮廓，采用限制链拾取方式，分别拾取左面轮廓线和右面 *R*8 圆弧部分的轮廓线，如图 3-6 所示，拾取毛坯轮廓线与拾取加工表面轮廓线类似，如图 3-7 所示。

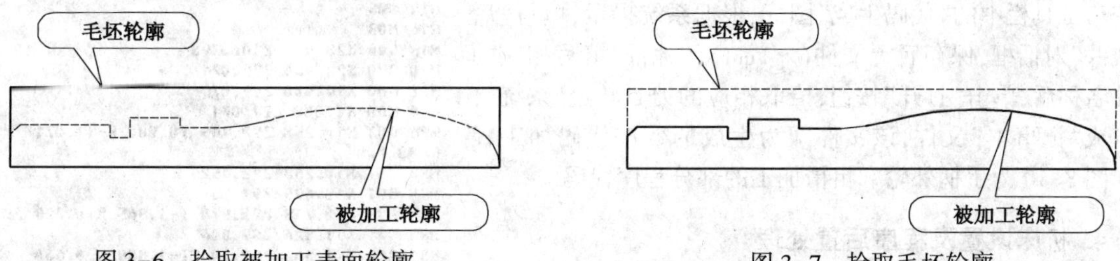

图 3-6　拾取被加工表面轮廓　　　　图 3-7　拾取毛坯轮廓

根据刀具路径轨迹选择合适的进退刀点，系统则自动生成粗车外轮廓的刀具轨迹图，如图 3-8 所示。

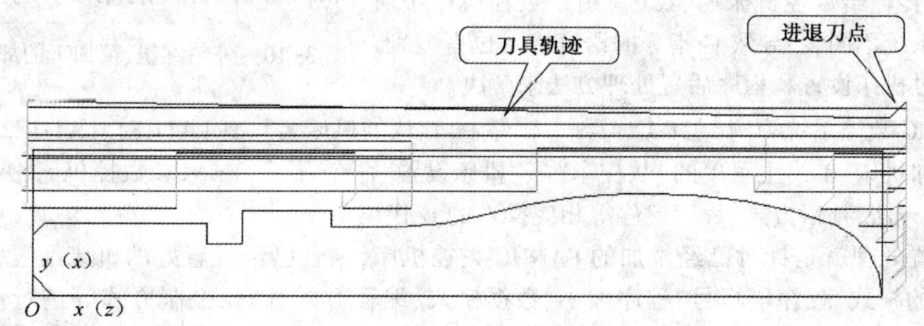

图 3-8　粗车加工轨迹图

2. 外轮廓精车加工

外轮廓的精车与粗车设置相似，只是将加工参数适当改变，其余采用系统默认设置。

3. 外轮廓的粗精加工轨迹仿真及程序生成

在 CAXA 数控车软件中生成的粗、精加工刀具轨迹，可以进行模拟仿真，以验证加工程序的正确性。具体操作如下：单击数控车工具栏中的“轨迹仿真”图标，CAXA 数控车系统可以自动进行轨迹仿真。选择“二维实体”、“缺省毛坯轮廓”方式。根据系统提示，拾取已经生成的簇、精加工刀具轨迹，系统开始进行仿真。通过轨迹仿真，观察刀具走刀路线以及是否存在干涉及过切现象。图 3-9 所示为仿真结果。

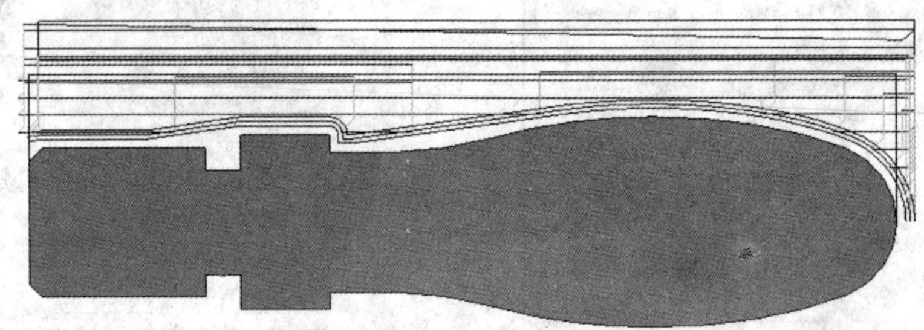

图 3-9　轮廓粗、精加工仿真结果

程序生产是根据当前数控系统的配置要求，把生成的加工轨迹转化成 G 代码数据文件，即生成 CNC 数控程序，具体操作过程如下：

单击主菜单中的“数控车”→“代码生成”命令，或者单击数控车工具栏中的“代码生成”图标，根据系统提示，填写“后置文件”对话框，保存后置文件（ *. cut）的地址，填写相应的文件名称后，单击“打开”按钮，拾取相应的刀具轨迹，系统自动生成“记事本”文件，该文件即为生成的数控代码加工程序。图 3-10 为手柄外轮廓粗精加工的部分程序代码。

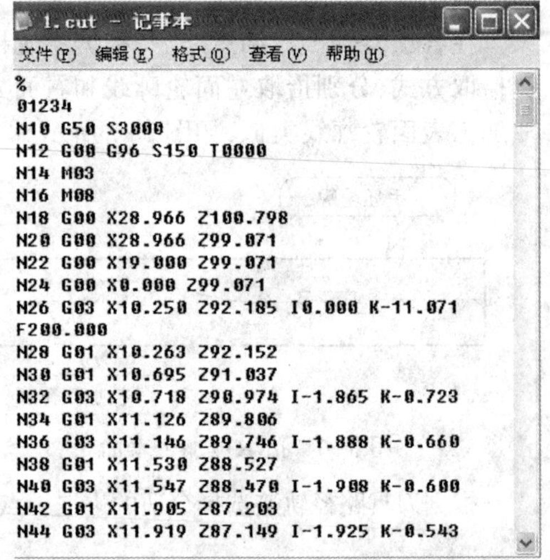

1. cut - 记事本

文件(F)　编辑(E)　格式(O)　查看(V)　帮助(H)

```
%
01234
N10 G50 S3000
N12 G00 G96 S150 T0000
N14 M03
N16 M08
N18 G00 X28.966 Z100.798
N20 G00 X28.966 Z99.071
N22 G00 X19.000 Z99.071
N24 G00 X0.000 Z99.071
N26 G03 X10.250 Z92.185 I0.000 K-11.071
F200.000
N28 G01 X10.263 Z92.152
N30 G01 X10.695 Z91.037
N32 G03 X10.718 Z90.974 I-1.865 K-0.723
N34 G01 X11.126 Z89.806
N36 G03 X11.146 Z89.746 I-1.888 K-0.660
N38 G01 X11.530 Z88.527
N40 G03 X11.547 Z88.470 I-1.908 K-0.600
N42 G01 X11.905 Z87.203
N44 G03 X11.919 Z87.149 I-1.925 K-0.543
```

图 3-10　外轮廓粗、精加工的部分程序代码

4. 机床设置及程序后置处理

由 CAXA 数控车软件生成的加工程序，通过 R232 串行口，可以直接传输给数控机床的 MCU。由于数控机床中所采用的数控系统不同，会导致 G 指令的语言格式也有差别，因此需要通过机床设置和程序后置处理方法来解决。

以 FANUC 数控系统为例，在 CAXA 数车软件中，默认的机床名只有 LATHE1、LATHE2 和 LATHE3，因此需要添加机床，单击主菜单的“数控车”→“机床设置”命令，添加 FANUC 数控机床，并设置主轴控制、数值插补方法、补偿方式、程序启停等相应操作的 G 代码指令。

程序后置处理就是针对已经添加的 FANUC 数控机床，结合已经设置好的机床配置，对后置输出的数控程序的格式，程序段行号、程序大小、数据格式、编程方式、圆弧控制方式等进行设置，具体操作为单击“数控车”→“后置设置”，根据新建的 FANUC 机床进行后置参数设置，以达到简化程序的目的。

课后练习

根据本课所学内容，用 CAXA 软件完成图 3-11 所示零件的造型。

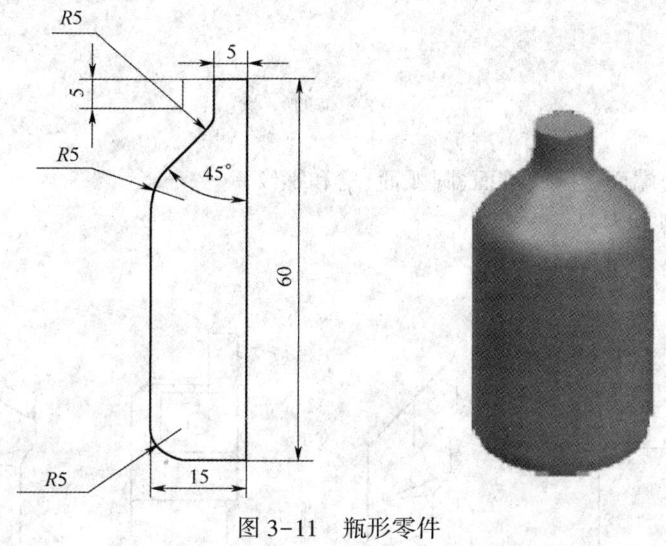

图 3-11　瓶形零件

任务二　自动编程过程详述

1. 掌握 CAXA 软件的造型功能。
2. 掌握 CAXA 软件的后置处理的基本技巧。

本任务主要学习 CAXA 数控车软件的绘图和造型功能，根据加工需要进行后置处理。零件如图 3-12 所示，毛坯尺寸 $\phi32$ mm×70 mm，材料为 45 钢，分析零件加工工艺，编写加工程序。

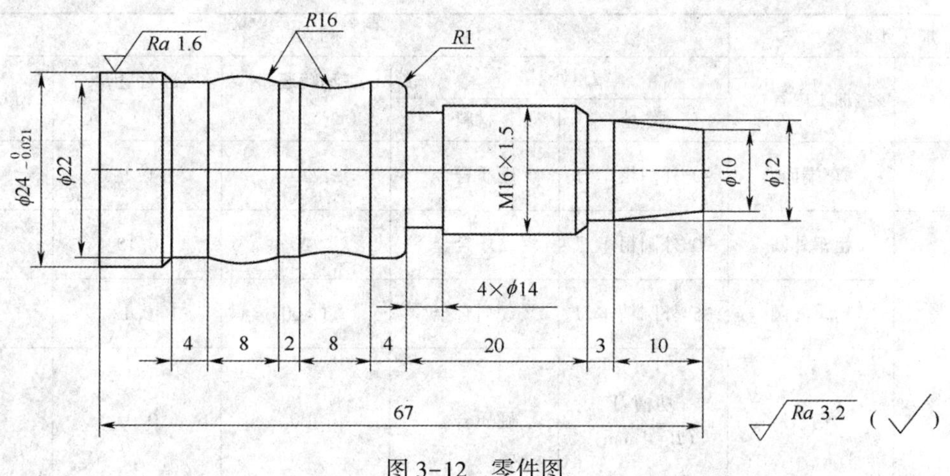

图 3-12　零件图

(1)零件几何特点

零件加工面主要为端面、外圆、锥面、圆弧面、槽和螺纹。

(2)选择工具、量具和刀具

加工所需主要刀具如图 3-13 所示。

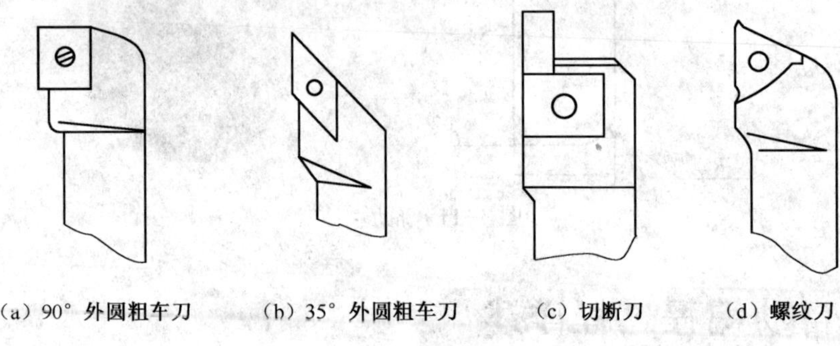

(a) 90° 外圆粗车刀 (b) 35° 外圆粗车刀 (c) 切断刀 (d) 螺纹刀

图 3-13 加工所需主要刀具

(3)制订加工工艺路线

①车端面。

②粗车 $\phi24$、$\phi22$、$\phi10$ 外圆、锥度及 $R16$ 外圆弧。

③精车 $\phi24$、$\phi22$、$\phi10$ 外圆、锥度及 $R16$ 外圆弧。

④切槽。

⑤车螺纹。

⑥切断。

(4)切削用量选择

切削用量选择见表 3-2。

表 3-2 加工工艺表

加工步骤		刀具与切削参数				
序号	加工内容	刀具规格		主轴转速 n/(r·min^{-1})	进给量 f/(mm·r^{-1})	刀具半径补偿
		类型	材料			
1	车端面	90°外圆粗车刀	硬质合金	720	0.1	0.4
2	粗车外圆	90°外圆粗车刀	硬质合金	720	0.15	0.2
3	精车外圆	35°外圆精车刀	硬质合金	1 400	0.1	—
4	切断	切槽刀 (B=4 mm)	硬质合金	400	0.05	—

一、软件造型操作

合理建立绘图原点，以零件右端面中点为绘图原点，绘制图形上半部分，零件是对称的，编程的时候只需要编制一半路线的加工程序，在编制刀具路径时注意工艺安排，零件造型如图 3-14 所示。

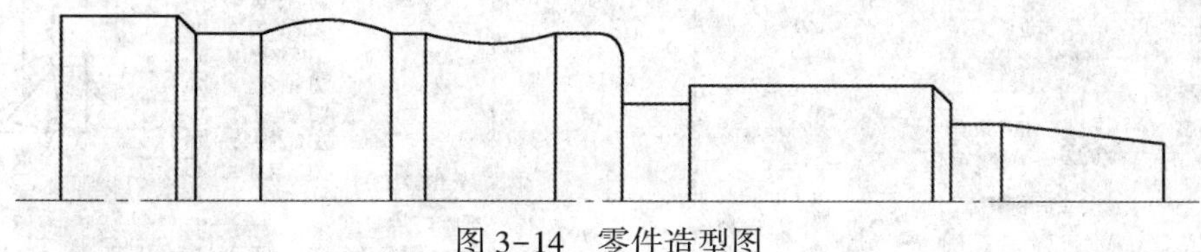

图 3-14　零件造型图

二、加工程序的编程

1. 粗加工程序的编制

(1)粗车外轮廓

粗车 $\phi24$、$\phi22$、$\phi10$ 外圆、锥度及 $R16$ 外圆弧。

①在 CAXA 数控车 “主”窗口的“数控车”菜单中，单击“轮廓粗车”，系统弹出“粗车参数表”对话框。

②单击“加工参数”选项卡，输入加工参数，如图 3 15 所示。

③单击“进退刀方式”选项卡，输入各参数，如图 3-16 所示。

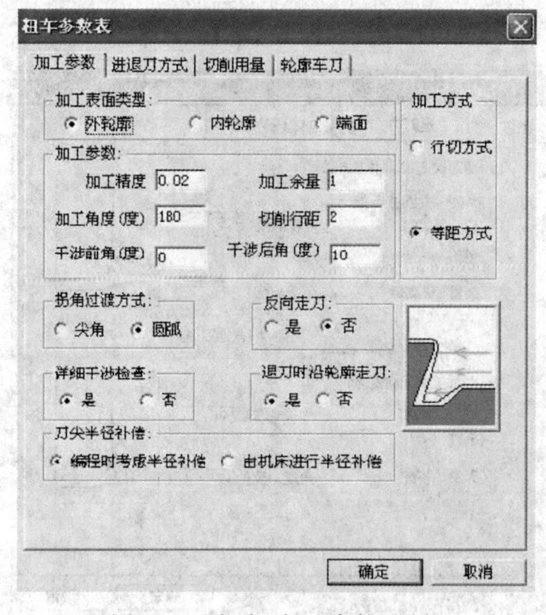

图 3-15　粗车“加工参数”设定

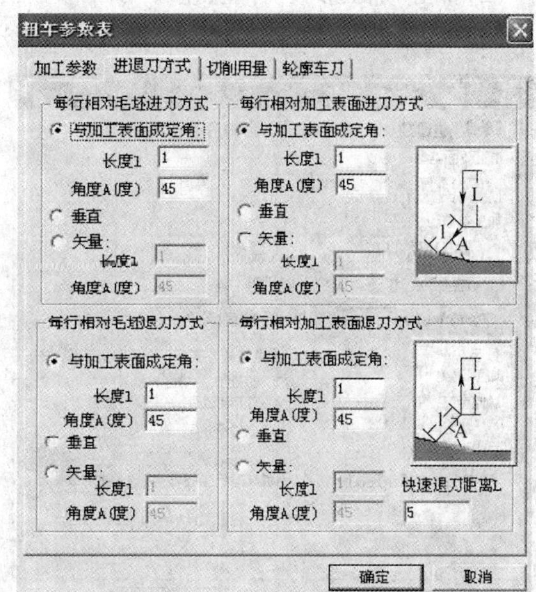

图 3-16　“进退刀方式”参数设定

④单击“切削用量”选项卡，输入各参数，如图 3-17 所示。

⑤单击“轮廓车刀”选项卡，输入各参数，如图 3-18 所示。

⑥单击“确定”按钮，按提示拾取加工表面轮廓，输入进退刀点，生成刀具轨迹。

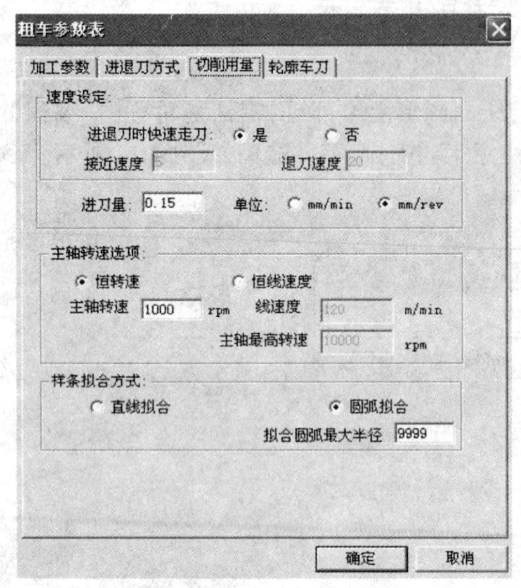

图 3-17 “切削用量”参数设定

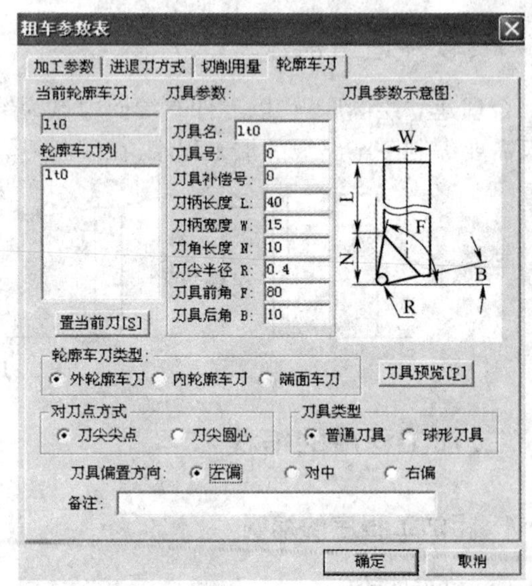

图 3-18 “轮廓车刀”参数设定

2. 精车外轮廓

精车 $\phi24$、$\phi22$、$\phi10$ 外圆、锥度及 $R16$ 外圆弧。

(1) 在 CAXA 数控车 “主”窗口的“数控车”菜单中，单击“轮廓精车”，系统弹出“精车参数表”对话框。

(2) 单击“加工参数”标签，输入“加工参数”，如图 3-19 所示。

(3) 单击“进退刀方式”选项卡，输入各参数，如图 3-20 所示。

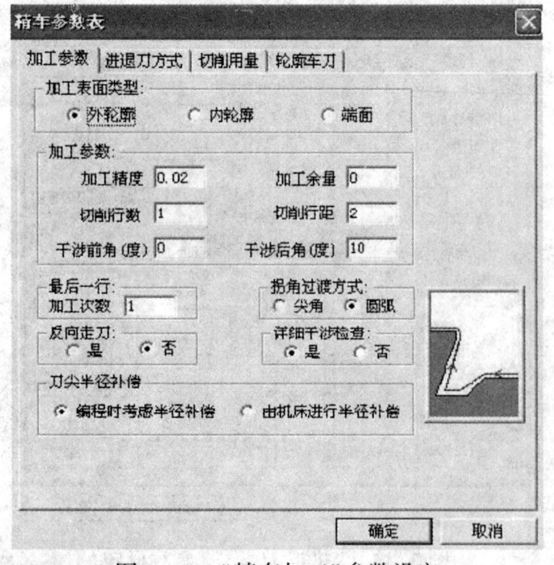

图 3-19 “精车加工”参数设定

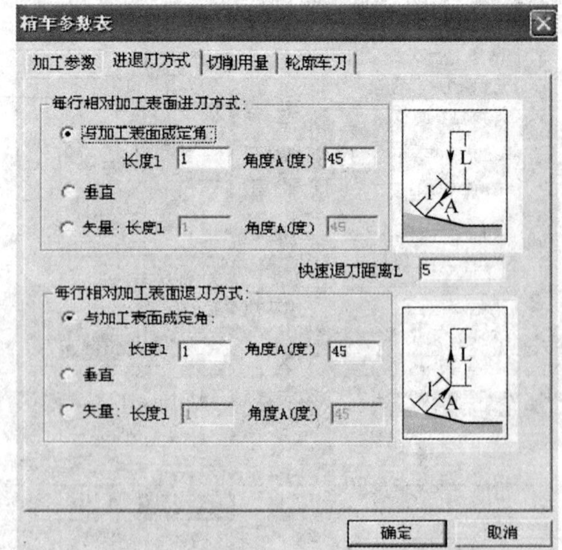

图 3-20 “进退刀方式”参数设定

(4)单击“切削用量”选项卡,输入各参数,如图 3-21 所示。

(5)单击“轮廓车刀”选项卡,输入各参数,如图 3-22 所示。

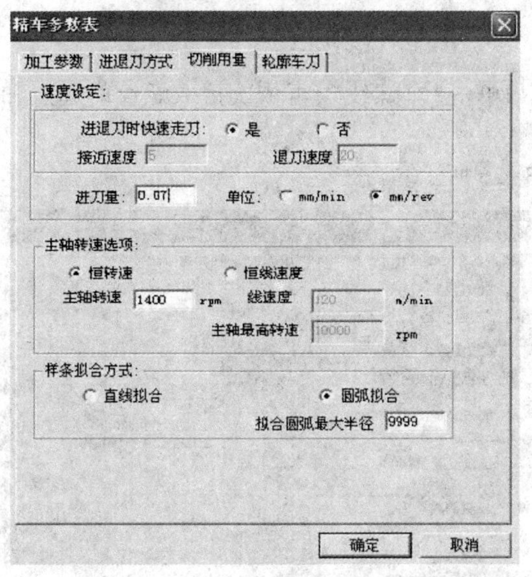

图 3-21 “切削用量”参数设定

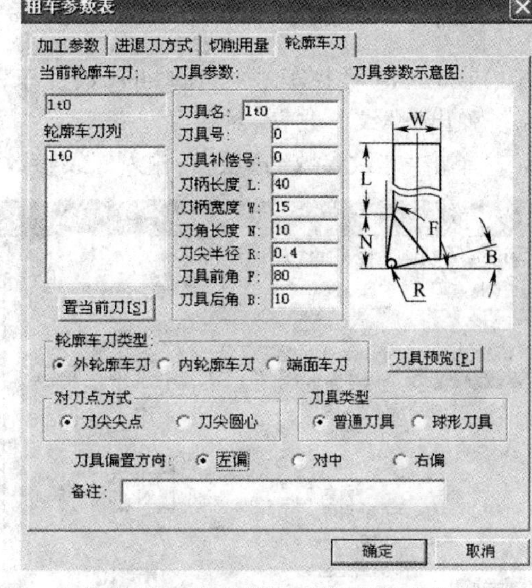

图 3-22 “轮廓车刀”参数设定

(6)单击“确定”按钮,按提示拾取加工表面轮廓,输入进退刀点,生成刀具轨迹。

3. 加工外沟槽

用切槽刀切 4×ϕ14 的外沟槽。

(1)在 CAXA 数控车 “主”窗口的“数控车”菜单中,单击“切槽”,系统弹出“切槽参数表”对话框。

(2)单击“切槽加工参数”选项卡,输入“加工参数”,如图 3-23 所示。

(3)单击“切削用量”选项卡,输入各参数,如图 3-24 所示。

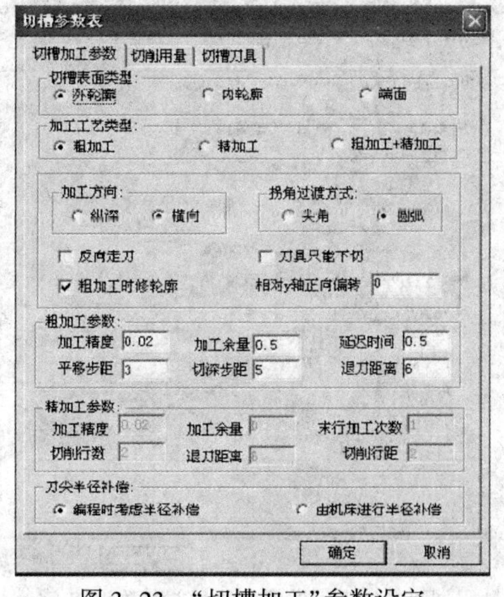

图 3-23 “切槽加工”参数设定

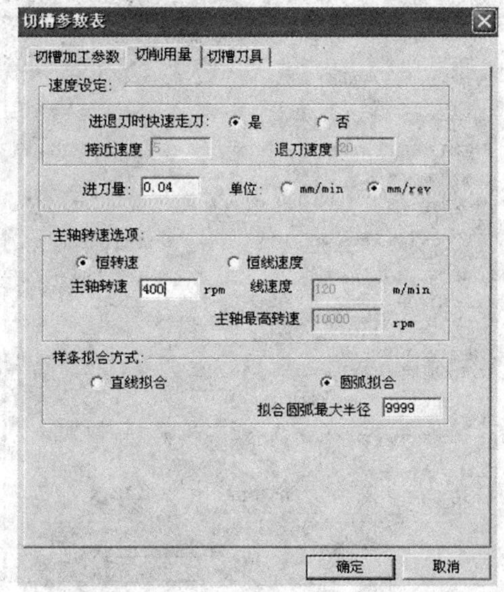

图 3-24 “切削用量”参数设定

(4)单击“切槽刀具”选项卡,输入各参数,如图 3-25 所示。

(5)单击“确定”按钮,按提示拾取加工槽轮廓,输入进退刀点,生成刀具轨迹。

4. 用螺纹车刀加工外螺纹(M16×1.5-6g)

(1)在 CAXA 数控车 “主”窗口的“数控车”菜单中,单击“车螺纹”,再依次拾取螺纹的起点和终点,系统弹出“螺纹参数表”对话框。

(2)单击“螺纹参数”选项卡,输入螺纹参数,如图 3-26 所示。

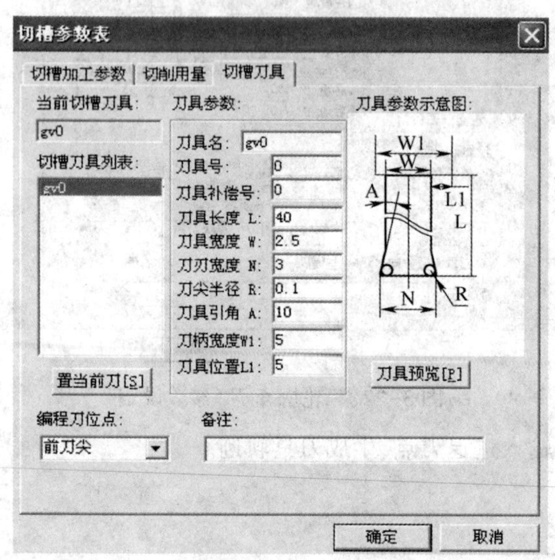

图 3-25 “切槽刀具”参数设定

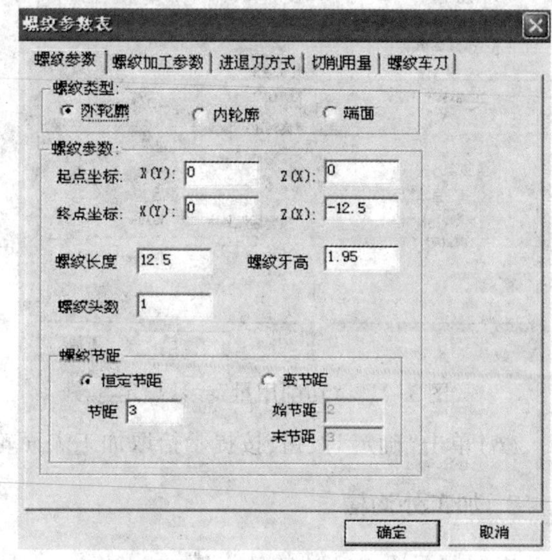

图 3-26 “螺纹参数”设定

(3)单击“螺纹加工参数”选项卡,输入各参数,如图 3-27 所示。

(4)单击“进退刀方式”选项卡,输入各参数,如图 3-28 所示。

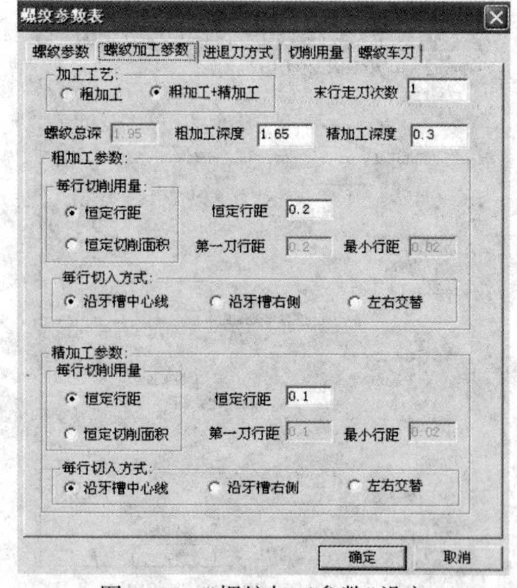

图 3-27 “螺纹加工参数”设定

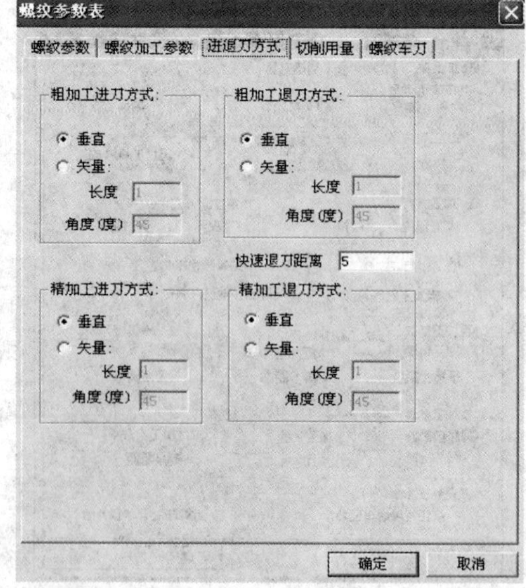

图 3-28 “进退刀方式”参数设定

(5)单击“切削用量”选项卡,输入各参数,如图 3-29 所示。

(6)单击“螺纹车刀”选项卡,输入各参数,如图 3-30 所示。

(7)单击“确定”按钮,按提示输入进退刀点,生成刀具轨迹。

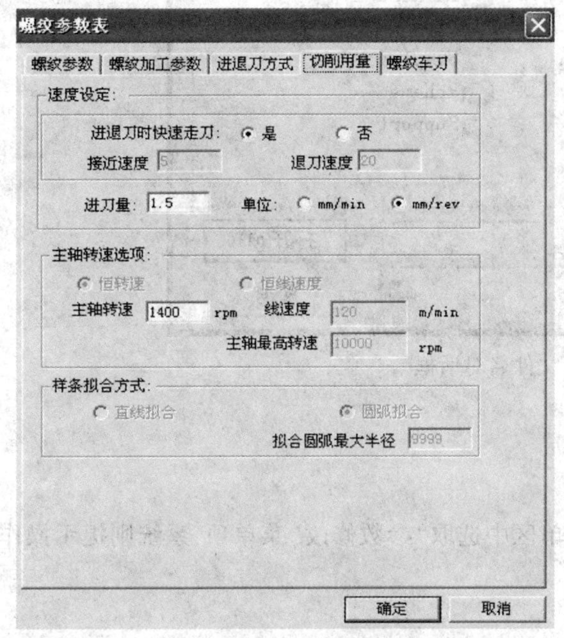

图 3-29 “切削用量”参数设定

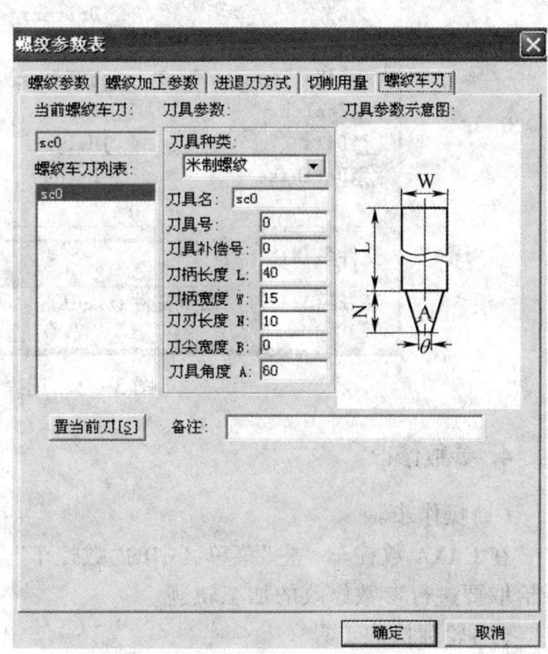

图 3-30 “螺纹车刀”参数设定

三、轨迹仿真、检验、修改

1. 轨迹仿真

在 CAXA 数控车 “主”窗口的“数控车”菜单中,单击“轨迹仿真”后,在下拉菜单中拾取“二维实体”,按粗车、切槽和精车过程依次拾取刀具轨迹,即可进行仿真加工。

2. 生成代码

(1)在 CAXA 数控车 “主”菜单区中的“数控车”于菜单区中选取“生成代码”功能项,则弹出一个需要操作者输入文件名的对话框,要求操作者填写后置程序文件名。

此外系统还在信息提示区给出当前生成的数控程序所适用的数控系统和车床系统信息,它表明目前所调用的车床配置和后置设置情况。

(2)输入文件名后单击“保存”按钮,系统提示拾取加工轨迹。

3. 查看代码

在 CAXA 数控车 “主”菜单区中的“数控车”子菜单区中选取“查看代码”菜单项,则弹出一个需要操作者选取数控程序的对话框,如图 3-31 所示。

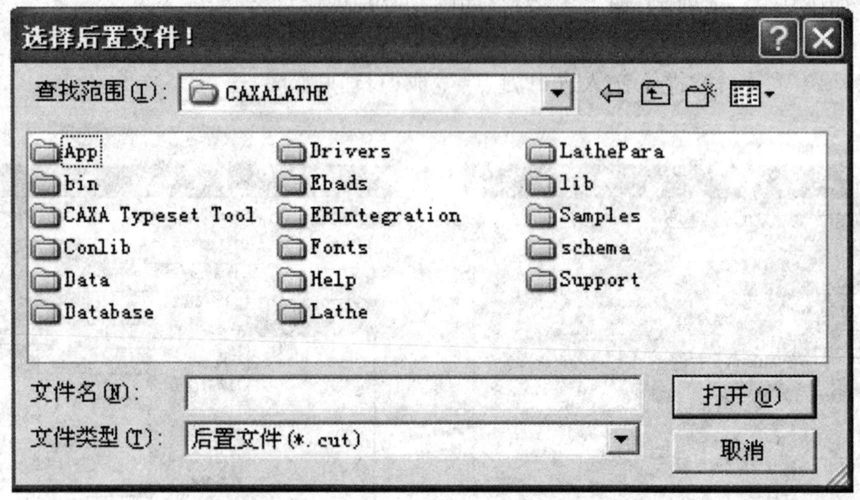

图 3-31　选择后置文件名对话框

4. 参数修改

(1)操作步骤

在 CAXA 数控车“主”菜单区中的“数控车”子菜单区中选取“参数修改”菜单项,系统则提示操作者拾取要进行参数修改的加工轨迹。

(2)轮廓拾取工具

轮廓拾取工具提供 3 种拾取方式:单个拾取、链拾取和限制链拾取。

①“单个拾取”需要操作者依次拾取需批量处理的各条曲线。

②“链拾取”需要操作者指定起始曲线及链搜索方向,系统按起始曲线及搜索方向自动寻找所有首尾搭接的曲线。

③“限制链拾取”需要操作者指定起始曲线、搜索方向和限制曲线,系统按起始曲线及搜索方向自动寻找首尾搭接的曲线至指定的限制曲线。

5. 轨迹仿真

①在 CAXA 数控车“主”菜单区中的“数控车”子菜单区中选取“轨迹仿真”功能项,同时可指定仿真的步长。

②拾取要仿真的加工轨迹。

③右键结束拾取,系统即开始仿真。

6. 后置处理设置

在 CAXA 数控车“主”菜单区中的“数控车”子菜单区中选取“后置设置”功能项。系统弹出“后置处理设置”对话框,如图 3-32 所示。

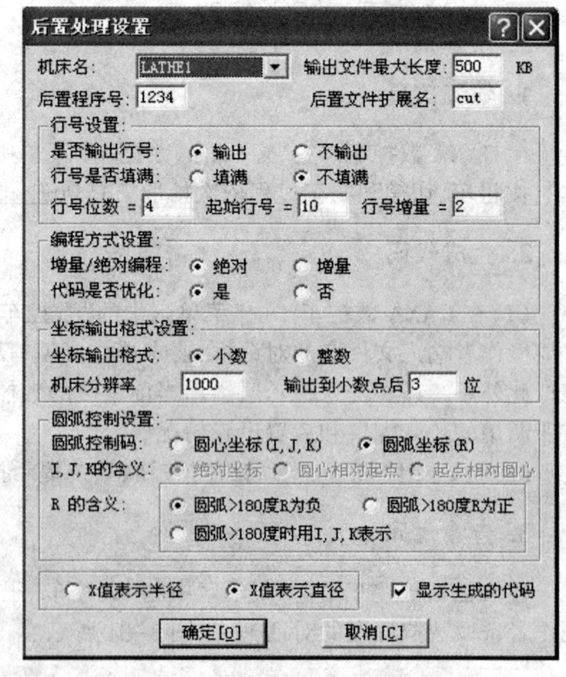

图 3-32　“后置处理设置”对话框

	评价要素	配分	等级	评分细则	评定等级 A	B	C	D	E	得分
1	工艺卡片:工步内容、切削参数	5	A	工序工步、切削参数合理						
			B	1个工步、切削参数不合理						
			C	2个工步、切削参数不合理						
			D	3个及以上工步、切削参数不合理						
			E	未答题						
2	工艺卡片:其他各项(夹具、材料、NC程序文件名、使用设备等等)	1	A	填写完整、正确						
			B	比较完整						
			C	一般						
			D	漏填或填错一项及以上						
			E	未答题						
3	数控刀具卡片	2	A	刀具选择合理,填写完整						
			B	基本合理						
			C	1把刀具不合理或漏选						
			D	2把及以上刀具不合理或漏选						
			E	未答题						
4	外圆、槽、螺纹加工程序与实体加工仿真	16	A	正确而且简洁高效						
			B	正确但效率不高						
			C	一般						
			D	不正确						
			E	未答题						
5	$\phi24^{+0}_{-0.21}$尺寸	4	A	符合公差要求						
			B							
			C							
			D	不符合公差要求						
			E	未答题						
6	刀尖圆弧半径补偿	2	A	含圆锥、圆弧的外圆加工程序使用了正确的刀尖圆弧半径补偿						
			B							
			C							
			D	没使用刀尖圆弧半径补偿						
			E	未答题						
	合计配分	30		合计得分						
备注	1. 用CAXA绘制二维图形时,检查图形是否封闭,注意坐标原点选择。 2. 加工原点设置,刀具半径补偿。									

等级	A(优)	B(良)	C(及格)	D(差)	E(未答题)
比值	1.0	0.8	0.6	0.2	0

“评价要素”得分=配分×等级比值

任务三 数控车自动编程实例解析

1. 掌握在数控车床上加工零件的一般步骤。
2. 熟练运用 CAXA 数控车软件。
3. 通过实例,掌握轴类零件的轮廓循环车削加工工艺图的绘制。
4. 掌握 CAXA 数控车的轨迹仿真过程。
5. 掌握 CAXA 数控车的 G 指令生成方法。

运用 CAXA 数控车软件绘制图 3-33 所示图形,并完成模拟加工,生成程序,完成数控加工。

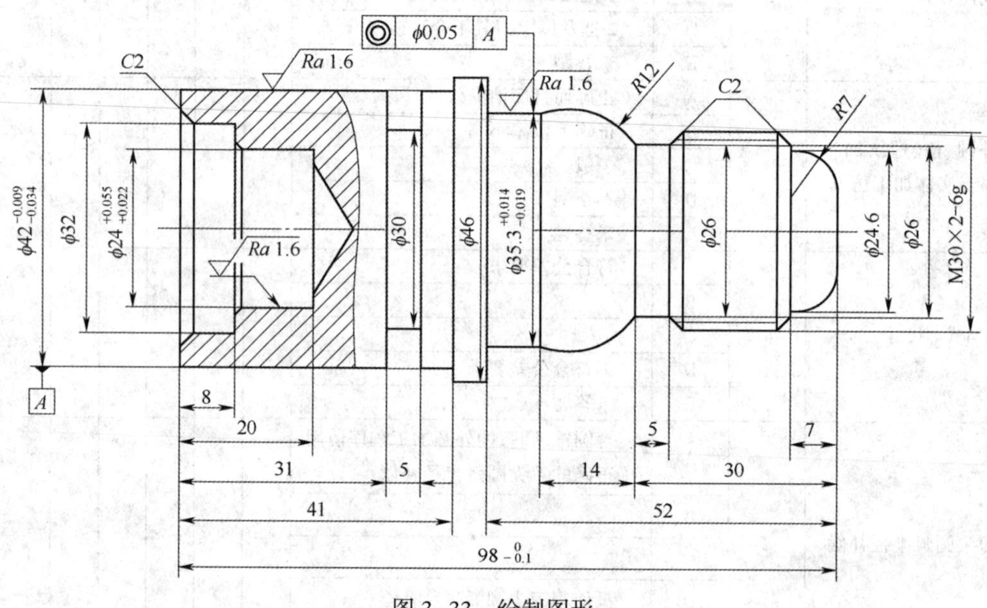

图 3-33 绘制图形

1. 图样分析

本任务要求加工成型面,零件右端是复杂成型面,左端有内孔加工部分,外圆有槽,选用材料为 45 钢,毛坯直径为 $\phi50$,表面粗糙度为 $Ra1.6$ μm。

2. 工艺分析

(1)工件的装夹与定位

该工件需要二次装夹加工,先用三爪自定心卡盘装夹,使毛坯伸出长度大于 50 mm,加工左端的外圆和内孔,再掉头加工右端成型面。

(2)拟定加工方案

本任务加工的内容包括外圆、沟槽和螺纹,合理确定这三个部分的加工顺序是正确编程的前提。加工时应先加工出左端外圆 $\phi46$、内孔 $\phi24$ 和 $\phi32$ 等;再掉头加工右端成型面,此处沟槽也称为螺纹退刀槽,可以避免车削螺纹终了时损坏刀具,因此应安排在切削螺纹之前加工。M30×2 螺纹是加工重点,该螺纹螺距小,牙深浅,适合使用 G92 指令编程。编制加工程序前,还要考虑螺纹切削时的升速段与降速段,计算螺纹小径的尺寸,设计切削螺纹走刀次数及每次切削的深度。

(3)设计加工工步

①三爪自定心卡盘装夹,使毛坯伸出长度 50 mm,车端面。

②用 G92 螺纹循环指令加工螺纹。

(4)量具选用

①游标卡尺(0~150 mm)

②外径千分尺(0~25 mm)

③外径千分尺(25~50 mm)

3. 选择刀具及切削用量

刀具选择:37°外圆刀,90°外圆刀,内孔刀,宽 4 内孔槽刀,内孔螺纹刀,$\phi20$ 钻头。

切削用量:粗车轮廓时,主轴转速为 700 r/min,切削进给速度为 0.2 mm/r;精车轮廓时,主轴转速为 1 500 r/min,切削进给速度为 0.1 mm/r;切槽和切断时,主轴转速为 350 r/min,切削进给速度为 0.1 mm/r;车削螺纹时,主轴转速为 450 r/min,切削进给速度为 1.5 mm/r。

一、计算机操作过程

(1)采用 CAXA 数控车软件绘制零件图。

(2)通过后置处理生成刀具轨迹。

(3)生成 G 指令。

(4)导入机床。

二、加工步骤

(1)启动数控车床,返回参考点。

(2)装夹工件和刀具。

(3)输入程序并验证。

(4)对刀,采用试切方法完成对刀操作。

(5)自动运行加工。

(6)测量加工尺寸,分析加工误差。

三、注意事项

(1)正确安装车刀,确保切削位置正确。
(2)确认各刀具安装的刀位和程序中的刀号一致。

四、工时定额

(1)绘图时间:30 min。
(2)操作时间:90 min。

评价要素		配分	等级	评分细则	评定等级					得分
					A	B	C	D	E	
1	工艺卡片:工步内容、切削参数	5	A	工序工步、切削参数合理						
			B	1个工步、切削参数不合理						
			C	2个工步、切削参数不合理						
			D	3个及以上工步、切削参数不合理						
			E	未答题						
2	工艺卡片:其他各项(夹具、材料、NC程序文件名、使用设备等)	1	A	填写完整、正确						
			B							
			C							
			D	漏填或填错一项及以上						
			E	未答题						
3	数控刀具卡片	2	A	刀具选择合理,填写完整						
			B							
			C	1把刀具不合理或漏选						
			D	2把及以上刀具不合理或漏选						
			E	未答题						
4	内外圆、槽、螺纹加工程序与实体加工仿真	16	A	正确而且简洁高效						
			B	正确但效率不高						
			C							
			D	不正确						
			E	未答题						
5	$\phi42_{-0.034}^{-0.009}$尺寸	2	A	符合公差要求						
			B							
			C							
			D	不符合公差要求						
			E	未答题						

续表

	评价要素	配分	等级	评分细则	评定等级					得分
					A	B	C	D	E	
6	$\phi24^{+0.055}_{+0.022}$尺寸	2	A	符合公差要求						
			B							
			C							
			D	不符合公差要求						
			E	未答题						
7	刀尖圆弧半径补偿	2	A	含圆弧的外圆加工程序使用了正确的刀尖圆弧半径补偿						
			B							
			C							
			D	没使用刀尖圆弧半径补偿						
			E	未答题						
合计配分		30	合计得分							
备注	1. 程序简洁高效是指:能采用正确的循环指令,循环指令参数设定正确,没有明显空刀现象。 2. 程序效率不高是指:未合理选择编程指令,或者参数设定不合理,有明显的空刀现象。									

等级	A(优)	B(良)	C(及格)	D(差)	E(未答题)
比值	1.0	0.8	0.6	0.2	0

"评价要素"得分=配分×等级比值

任务拓展

利用CAXA数控车在数控车床上加工零件的一般步骤。

1. 分析加工图纸和工艺清单:在加工前,首先要读懂图纸,分析加工零件各项要求,再从工艺单中确定各项内容的具体要求,把零件的各尺寸和位置联系起来,初步确定加工路线。

2. 加工路线和装夹方法的确定:按图纸、工艺清单的要求来确定加工路线。为保证零件的尺寸和位置精度要求,选择适当的加工顺序和装夹方法。

3. 用CAXA数控车软件的CAD模块绘制加工零件的零件轮廓循环车削加工工艺图。

4. 编制加工程序:根据零件的工艺单、工艺图和实际加工情况,使用CAXA数控车软件的CAM部分确定切削用量和刀具轨迹,合理设置机床的参数,生成加工程序代码。

5. 加工操作:将生成的加工程序传输到机床,调试机床和加工程序,进行车削加工。

6. 加工零件检验:根据工艺要求逐项检验零件的各项加工要求,确定零件是否合格。

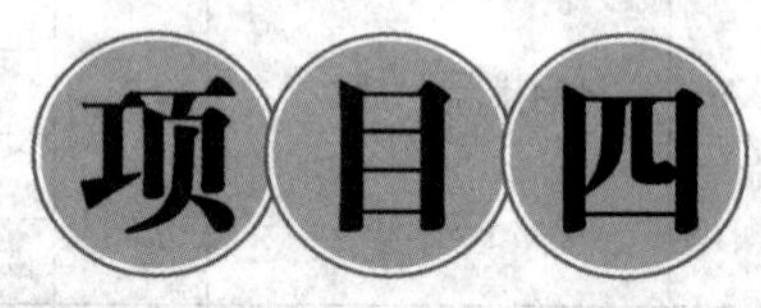

数控车床操作实例

本项目主要介绍FANUC数控车床的操作实例,其中所举例子全都是常见工件的加工过程和具体操作步骤,其中包括根据零件图制订具体的加工工艺过程。

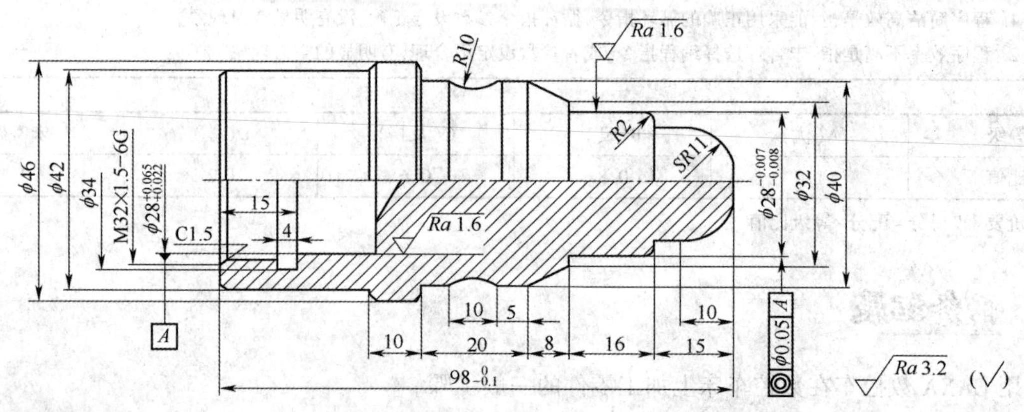

任务一 简单轴类零件加工实例

任务目标

1. 能够正确叙述数控车床的操作过程。
2. 根据零件图正确确定加工工艺步骤。
3. 能够正确选取刀具。
4. 遵守操作规程,文明生产,安全第一。

任务描述

如图4-1所示成型面零件,已知毛坯尺寸为$\phi40\times60$ mm,编写数控加工程序并进行图形模拟加工。

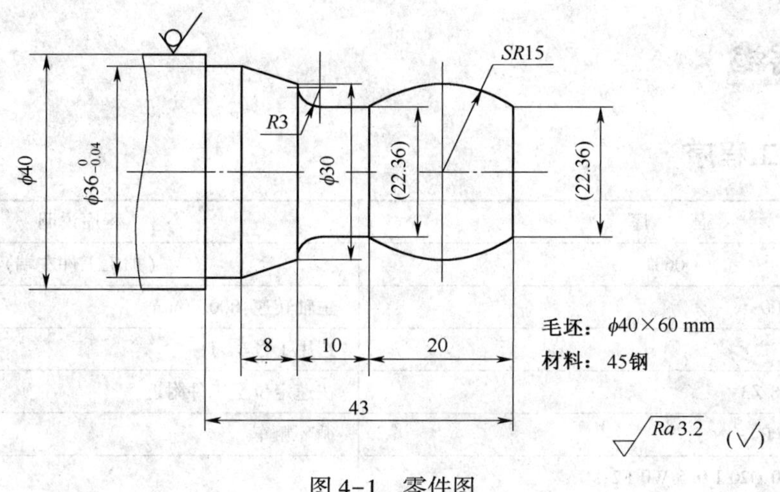

图 4-1　零件图

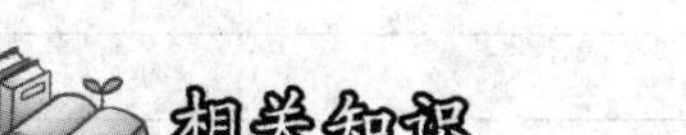

1. 图样分析

本任务要求加工成型面，零件右端有一个 *SR*15 的球面，选用材料为 45 钢，毛坯直径为 $\phi40$，表面粗糙度为 *Ra*3. 2 μm。

2. 工艺分析

(1) 工件的装夹与定位

该工件需要一次装夹加工，先用三爪自定心卡盘装夹，使毛坯伸出长为 50 mm，加工右端的成型尺寸。

(2) 拟定加工方案

零件上的成型面有凹形面，一般采用循环指令加工。FANUC Oi 数控系统中，G73 指令能够使刀具加工凹形面，在切削过程中，G73 指令的轨迹和成型面的外形一致。

(3) 设计加工工步

①三爪自定心卡盘装夹，使毛坯伸出长度 50 mm，车端面。

②用 G73，G70 指令，粗、精加工外形轮廓。

(4) 选用量具

①游标卡尺(0~150 mm)。

②外径千分尺(0~25 mm)。

③外径千分尺(25~50 mm)。

3. 选择刀具及切削用量

1 号刀为 37°外圆车刀，粗加工，选择 $r=800$ r/min，$f=0.2$ mm/r，$a_p=2$ mm；精车时，选择 $r=1\ 200$ r/min，$f=0.1$ mm/r，$a_p=0.25$ mm。

任务实施

一、编写加工程序

程　　序		程序说明
O0631		（加工工件左端）
N10	M03 S800;	主轴转速:800 r/min
N20	T0101;	选用 1 号车刀
N30	G00 X38 Z3;	快速定位至工件附近
N40	G73 U3 R4;	循环粗车
N50	G73 P10 Q20 U0.5 W0 F2;	
N60	N10 G0 X38 F0.1 S1200;	
N70	G01 Z0;	
N80	X22.36 Z0;	
N90	G03 X22.36 Z-20 R15;	加工球面
N100	G01 Z-27;	
N110	G02 X36 Z-30 R3;	
N120	G01 X36 Z-38;	
N130	N20 Z-43;	
N140	G70 P10 Q20;	精车
N150	G00 X100 Z100;	

二、实训准备

(1)安全、环保及预防性措施。

(2)设备、工具、材料。

三、实训步骤

(1)启动数控车床,返回参考点。

(2)装夹工件和刀具。

(3)输入程序并验证。

(4)对刀,采用试切方法完成对刀操作。

(5)自动运行加工。

(6)测量加工尺寸,分析加工误差。

四、注意事项

(1)正确安装车刀,确保切削刃位置正确。

(2)确认各刀具安装的刀位和程序中的刀号一致。

五、工时定额

(1)编程时间:30 min。

(2)操作时间:90 min。

评价要素		配分	等级	评分细则	评定等级					得分
					A	B	C	D	E	
1	工艺卡片:工步内容、切削参数	5	A	工序工步、切削参数合理						
			B	1个工步、切削参数不合理						
			C	2个工步、切削参数不合理						
			D	3个及以上工步、切削参数不合理						
			E	未答题						
2	工艺卡片:其他各项(夹具、材料、NC程序文件名、使用设备等)	2	A	填写完整、正确						
			B							
			C							
			D	漏填或填错一项及以上						
			E	未答题						
3	数控刀具卡片	3	A	刀具选择合理,填写完整						
			B							
			C	1把刀具不合理或漏选						
			D	2把及以上刀具不合理或漏选						
			E	未答题						
4	外圆加工程序	16	A	正确而且简洁高效						
			B	正确但效率不高						
			C							
			D	不正确						
			E	未答题						
5	$\phi36_{-0.04}^{0}$尺寸	4	A	符合公差要求						
			B							
			C							
			D	不符合公差要求						
			E	未答题						
合计配分		30	合计得分							
备注	1. 程序简洁高效是指:能采用正确的循环指令,循环指令参数设定正确,没有明显空刀现象。 2. 程序效率不高是指:编程指令选择不是最合适,或者参数设定不合理,有明显的空刀现象。									

等级	A(优)	B(良)	C(及格)	D(差)	E(未答题)
比值	1.0	0.8	0.6	0.2	0

“评价要素”得分=配分×等级比值

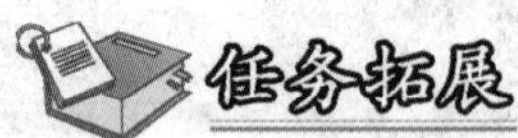

典型轴类零件加工工艺如下所示：

(1)确定加工顺序及进给路线

加工顺序按粗到精、由远到近(由左到右)的原则确定。工件左端加工：即从左到右进行外轮廓粗车(留0.5 mm余量精车)，然后从左到右进行外轮廓精车，然后钻孔，镗内退刀槽，镗内螺纹。工件调头，工件右端加工：粗车外轮廓，精车外轮廓，切退刀槽，最后进行螺纹粗加工，螺纹精加工。

(2)选择刀具

①车端面：选用硬质合金45°车刀，粗、精车采用同一把刀完成，不再换刀。

②粗、精车外圆：(因为程序选用G71循环指令，所以粗、精选用同一把刀)硬质合金90°仿形车刀，$K_r=90°$，$K_r'=60°$；$E=30°$。为防止零件轮廓发生干涉。

③钻孔：选用$\phi16$的硬质合金钻头。

④内槽刀：硬质合金内槽刀。

⑤内螺纹刀：选用60°硬质合金刀。

⑥槽刀：选用硬质合金车槽刀(刀长12 mm，刀宽4 mm)。

⑦螺纹刀：选用60°硬质合金外螺纹车刀。

(3)选择切削用量

具体内容略。

任务二 复杂轴类零件加工实例

1. 能够正确叙述数控车床的操作过程。
2. 根据零件图正确确定加工工艺步骤。
3. 能够正确选取刀具。
4. 遵守操作规程，文明生产，安全第一。

如图4-2所示为成型面零件，已知要求循环起始点在$A(80,1)$，切削深度为1.2 mm。退刀量为1 mm，X方向精加工，余量为0.2 mm，Z方向精加工余量为0.5 mm，其中双点画线部分为工件毛坯。

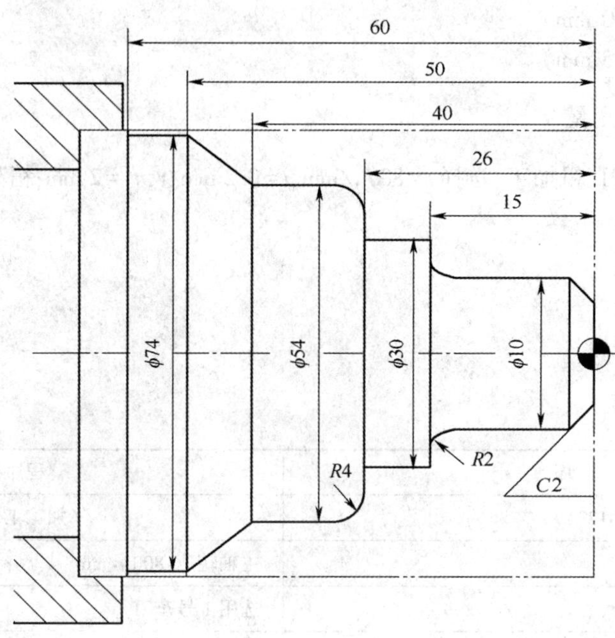

图 4-2 零件图

1. 图样分析

本任务要求加工成型面,零件右端尺寸递增,选用材料为 45 钢,毛坯直径为 $\phi80$。

2. 工艺分析

(1)工件的装夹与定位

该工件需要一次装夹加工,先用三爪自定心卡盘装夹,使毛坯伸出长为 65 mm,加工右端的成型尺寸。

(2)拟定加工方案

零件上的成型面尺寸是递增的,一般采用循环指令加工。FANUNOi 数控系统中,G71 指令能够完成,在切削过程中,G71 复合固定循环需设置一个循环起点,刀具按照数控系统安排的路径一层一层按照直线插补形式分刀车削成阶梯形状,最后沿着粗车轮廓车削一刀,然后返回到循环起点完成粗车循环。

(3)设计加工工步

①三爪自定心卡盘装夹,使毛坯伸出长度为 65 mm,车端面。

②用 G71,G70 指令粗、精加工外形轮廓。

(4)量具选用

①游标卡尺(0~150 mm)。

②外径千分尺(0~25 mm)。

③外径千分尺(25~50 mm)。

④外径千分尺(50~75 mm)。

3. 选择刀具及切削用量

1 号刀为 37°外圆车刀,粗加工,选择 r=800 r/min,f=0. 2 mm/r,a_p=2 mm;精车时,选择 r=1 200 r/min,f=0. 1 mm/r,a_p=0. 25 mm。

一、编写加工程序

程　　序		程序说明
O1234		(加工工件左端)
N10	M03 S800;	主轴转速:800 r/min
N20	T0101;	选用 1 号车刀
N30	G00 X80 Z1;	快速定位至工件附近的循环起点
N40	G71 U2. 4 R1;	循环粗车
N50	G71 P10 Q20 U0. 2 W0. 5 F2;	
N60	N10 G00 X6 F0. 1 S1200;	
N70	G01 Z0;	
N80	X10 Z-2;	
N90	Z-13;	
N100	G02 X14 Z-15 R2;	
N110	G01 X30;	
N120	Z-26;	
N130	X46;	
N140	G03 X54 Z-30 R4;	
N150	G01 Z-40;	
N160	X74 Z-50;	
N170	N20 Z-60;	
N180	G70 P10 Q20;	精车
N190	G00 X100 Z100;	
N200	M05 M30;	

二、加工步骤

(1)启动数控车床,返回参考点。

(2)装夹工件和刀具。
(3)输入程序并验证。
(4)对刀,采用试切方法完成对刀操作。
(5)自动运行加工。
(6)测量加工尺寸,分析加工误差。

三、注意事项

(1)正确安装数控车刀,确保切削刃位置正确。
(2)确认各刀具安装的刀位和程序中的刀号一致。

四、工时定额

(1)编程时间:30 min。
(2)操作时间:90 min。

任务检测

评价要素		配分	等级	评分细则	评定等级					得分
					A	B	C	D	E	
1	工艺卡片:工步内容、切削参数	5	A	工序工步、切削参数合理						
			B	1个工步、切削参数不合理						
			C	2个工步、切削参数不合理						
			D	3个及以上工步、切削参数不合理						
			E	未答题						
2	工艺卡片:其他各项(夹具、材料、NC程序文件名、使用设备等)	2	A	填写完整、正确						
			B							
			C							
			D	漏填或填错一项及以上						
			E	未答题						
3	数控刀具卡片	3	A	刀具选择合理,填写完整						
			B							
			C	1把刀具不合理或漏选						
			D	2把及以上刀具不合理或漏选						
			E	未答题						
4	外圆加工程序	16	A	正确而且简洁高效						
			B	正确但效率不高						
			C							
			D	不正确						
			E	未答题						

续表

评价要素		配分	等级	评分细则	评定等级					得分
					A	B	C	D	E	
5	φ74、φ54、φ30、φ10尺寸	4	A	符合公差要求						
			B							
			C							
			D	不符合公差要求						
			E	未答题						
合计配分		30		合计得分						
备注	1. 程序简洁高效是指：能采用正确的循环指令，循环指令参数设定正确，没有明显空刀现象。 2. 程序效率不高是指：编程指令选择不是最合适，或者参数设定不合理，有明显的空刀现象。									

等级	A(优)	B(良)	C(及格)	D(差)	E(未答题)
比值	1.0	0.8	0.6	0.2	0

"评价要素"得分=配分×等级比值

任务三 轴类零件自动编程加工实例

任务目标

1. 能够正确叙述数控车床的操作过程。
2. 根据零件图正确确定加工工艺步骤。
3. 熟练掌握 CAXA 数控车软件。
4. 能够正确选取刀具。
5. 遵守操作规程，文明生产，安全第一。

任务描述

如图 4-3 所示为成型面零件，已知毛坯尺寸为 $\phi50\times100$ mm，编制数控加工工艺，并运用软件在线加工。

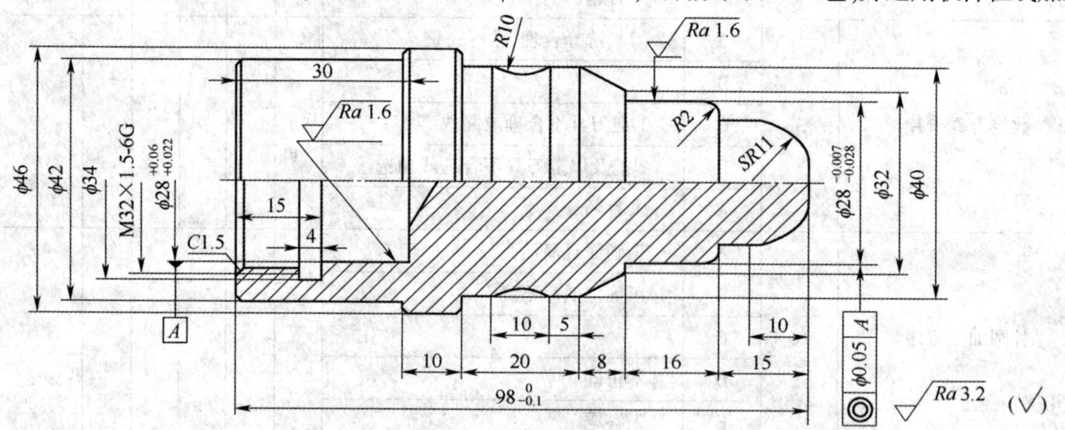

图 4-3 成型面零件

1. 图样分析

本任务要求加工成型面,零件右端有一个 $R10$ 的凹面,左端内孔有槽,有内孔螺纹,选用材料为 45 钢,毛坯直径为 $\phi50$,表面粗糙度为 $Ra3.2$ μm。

2. 工艺分析

(1)工件的装夹与定位

该工件需要两次装夹加工,先用三爪自定心卡盘装夹,使毛坯伸出长为 40 mm,加工左端外圆,然后掉头进行二次装夹,此时装夹左端加工过的外圆表面并使 $\phi46$ 外圆顶在三爪自定心卡盘处,加工右端外圆。

(2)拟定加工方案

本任务加工的内容包括外圆、沟槽和螺纹,合理确定这三个部分的加工顺序是正确编程的前提。本产品应先加工出左端外圆 $\phi46$、内孔 $\phi28$ 和 $\phi30$ 等;此处沟槽也称为螺纹退刀槽,可以避免车削螺纹终了时损坏刀具,因此退刀槽应安排在切削螺纹之前加工。M32×1.5 螺纹是加工重点,该螺纹螺距小,牙深浅,适合使用 G92 指令编程。编制加工程序前,还要考虑螺纹切削时的升速段与降速段,计算螺纹小径的尺寸,设计切削螺纹走刀次数及每次切削的深度。掉头装夹 $\phi42$ 外圆,使三爪自定心卡盘顶到 $\phi46$ 外圆的左端面上,此时用外圆刀加工右端到尺寸。

(3)设计加工工步

①三爪自定心卡盘装夹,使毛坯伸出长度为 40 mm,车端面。

②粗、精加工 $\phi42$ 外圆。

③$\phi20$ 钻头钻深 30 的孔。

④粗、精加工内孔。

⑤切宽为 4 的退刀槽。

⑥加工内孔螺纹 M32×1.5。

⑦掉头,用三爪自定心卡盘装夹 $\phi42$ 外圆。

⑧粗、精加工右端成型面到尺寸。

(4)选用量具

①游标卡尺(0~150 mm)。

②外径千分尺(0~25 mm)。

③外径千分尺(25~50 mm)。

④深度尺(0~50 mm)。

⑤M32×1.5 螺纹的塞规。

3. 选择刀具及切削用量

刀具选择:37°外圆刀,90°外圆刀,内孔刀,宽 4 内孔槽刀,内孔螺纹刀,$\phi20$ 钻头。

切削用量:粗车轮廓时,主轴转速为 700 r/min,切削进给速度为 0.2 mm/r;精车轮廓时,主轴转速为 1 500 r/min,切削进给速度为 0.1 mm/r;切槽和切断时,主轴转速为 350 r/min,切削进给速度为 0.1 mm/r;车削螺纹时,主轴转速为 450 r/min,切削进给速度为 1.5 mm/r。

一、计算机操作过程

(1)使用 CAXA 数控车软件绘制零件图。

(2)通过后置处理生成刀具轨迹。

(3)生成 G 指令。

(4)导入机床。

二、加工步骤

(1)启动数控车床,返回参考点。

(2)装夹工件和刀具。

(3)输入程序并验证。

(4)对刀,采用试切方法完成对刀操作。

(5)自动运行加工。

(6)测量加工尺寸,分析加工误差。

三、注意事项

(1)内螺纹的底孔直径 D_1 按公式 $D_1=D-P$ 计算。

(2)螺纹刀试切对刀时,试切内孔的切削深度不宜太深,以防止刀杆变形,影响 X 坐标的对刀精度。

(3)螺纹循环起始点要定位在孔的内侧。

(4)车削内螺纹时,要考虑刀具切削时的升速段与降速段,每次循环切削的深度应依次减小。

(5)内螺纹切削加工的难点是测量不便,一般是将与之相配合的外螺纹做成螺纹规,然后用螺纹规检验待加工内螺纹是否合格。

四、工时定额

(1)绘图时间:30 min。

(2)操作时间:90 min。

<table>
<tr><th colspan="2" rowspan="2">评价要素</th><th rowspan="2">配分</th><th rowspan="2">等级</th><th rowspan="2">评 分 细 则</th><th colspan="5">评定等级</th><th rowspan="2">得分</th></tr>
<tr><th>A</th><th>B</th><th>C</th><th>D</th><th>E</th></tr>
<tr><td rowspan="5">1</td><td rowspan="5">工艺卡片:工步内容、切削参数</td><td rowspan="5">5</td><td>A</td><td>工序工步、切削参数合理</td><td rowspan="5"></td><td rowspan="5"></td><td rowspan="5"></td><td rowspan="5"></td><td rowspan="5"></td><td rowspan="5"></td></tr>
<tr><td>B</td><td>1 个工步、切削参数不合理</td></tr>
<tr><td>C</td><td>2 个工步、切削参数不合理</td></tr>
<tr><td>D</td><td>3 个及以上工步、切削参数不合理</td></tr>
<tr><td>E</td><td>未答题</td></tr>
</table>

续表

	评价要素	配分	等级	评分细则	评定等级 A	B	C	D	E	得分
2	工艺卡片：其他各项（夹具、材料、NC程序文件名、使用设备等）	1	A	填写完整、正确						
			B							
			C							
			D	漏填或填错一项及以上						
			E	未答题						
3	数控刀具卡片	2	A	刀具选择合理，填写完整						
			B							
			C	1把刀具不合理或漏选						
			D	2把及以上刀具不合理或漏选						
			E	未答题						
4	内外圆、槽、螺纹加工程序与实体加工仿真	16	A	正确而且简洁高效						
			B	正确但效率不高						
			C							
			D	不正确						
			E	未答题						
5	$\phi28^{-0.007}_{-0.028}$尺寸	2	A	符合公差要求						
			B							
			C							
			D	不符合公差要求						
			E	未答题						
6	$\phi28^{+0.055}_{+0.022}$尺寸	2	A	符合公差要求						
			B							
			C							
			D	不符合公差要求						
			E	未答题						
7	刀尖圆弧半径补偿	2	A	含圆锥、圆弧的外圆加工程序使用了正确的刀尖圆弧半径补偿						
			B							
			C							
			D	没使用刀尖圆弧半径补偿						
			E	未答题						
	合计配分	30		合计得分						
备注	1. 程序简洁高效是指：能采用正确的循环指令，循环指令参数设定正确，没有明显空刀现象。 2. 程序效率不高是指：编程指令选择不是最合适，或者参数设定不合理，有明显的空刀现象。									

等级	A（优）	B（良）	C（及格）	D（差）	E（未答题）
比值	1.0	0.8	0.6	0.2	0

"评价要素"得分＝配分×等级比值

任务四 简单套类零件加工实例

任务目标

1. 能够正确叙述数控车床的操作过程。
2. 根据零件图正确确定加工工艺步骤。
3. 能够正确选取刀具。
4. 遵守操作规程,文明生产,安全第一。

如图 4-4 所示为衬套零件,已知毛坯尺寸为 ϕ35×85 mm,编写数控加工程序并进行图形模拟加工。

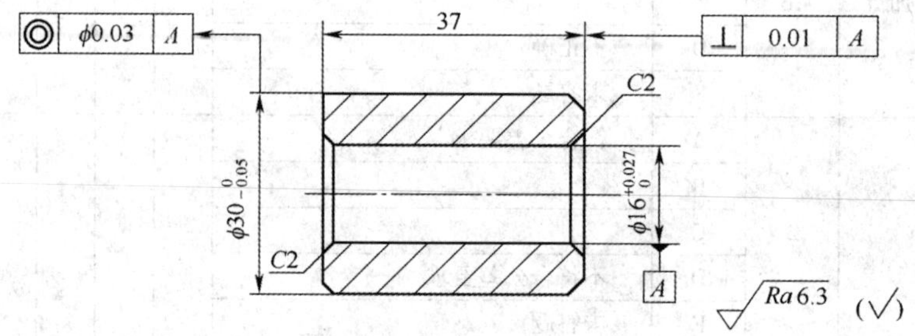

图 4-4 零件图

1. 图样分析

本任务要求加工衬套,外圆直径为 ϕ30,内孔直径为 ϕ16,选用材料为 45 钢,毛坯直径为 ϕ35,表面粗糙度为 *Ra*6. 3 μm。

2. 工艺分析

(1)工件的装夹与定位

该工件需要一次装夹加工,先用三爪自定心卡盘装夹,使毛坯伸出长为 50 mm,加工外圆到尺寸。

(2)拟定加工方案

一般采用循环指令加工。FANUNOi 数控系统中,G71 指令能够完成。

(3)设计加工工步

车端面→打中心孔→粗车外圆→半精车外圆→精车外圆→倒角→钻孔→车内孔→倒角→切断→取总长→倒角。

(4)选用量具

①游标卡尺(0~150 mm)。

②外径千分尺(0~25 mm)。

③外径千分尺(25~50 mm)。

3. 选择刀具及切削用量

1 号刀为 37°外圆车刀,粗加工,选择 r=800 r/min,f=0.2 mm/r,a_p=2 mm;精车时,选择 r=1 200 r/min,f=0.1 mm/r,a_p=0.25 mm。

2 号刀为内孔刀,粗加工,选择 r=800 r/min,f=0.2 mm/r,a_p=2 mm;精车时,选择 r=1 200 r/min,f=0.1 mm/r,a_p=0.25 mm。

3 号刀为 3 mm 切断刀,切断转速 r=800 r/min。

4 号刀为 45°外圆车刀,倒角用。

一、编写加工程序

程　序		程序说明
O1234		(加工工件左端)
N10	M03 S800;	主轴转速:800 r/min
N20	T0101;	选用 1 号车刀
N30	G00 X38 Z3;	快速定位至工件附近
N40	G71 U2 R1;	循环粗车
N50	G71 P10 Q20 U0.5 W0 F2;	
N60	N10 G0 X28 F0.1 S800;	
N70	G01 Z0;	
N80	X30 Z0;	
N90	N20 Z-40;	
N100	G70 P10 Q20 S1500 F0.1;	精加工
N110	G00 X100 Z100;	
N120	M05 M30;	
钻孔	用 ϕ14 的钻头;	主轴转速在 500 r/min
	内孔加工程序;	
N10	M03 S800;	主轴转速:800 r/min
N20	T0202;	选用 2 号车刀
N30	G00 X10 Z3;	快速定位至工件附近
N40	G71 U1 R0.5;	循环粗车
N50	G71 P10 Q20 U-0.5 W0 F2;	
N60	N10 G00 X18 F0.1 S800;	

续表

程　序		程序说明
O1234		(加工工件左端)
N70	G01 X16 Z-1;	
N80	N20 Z-39;	
N90	G70 P10 Q20 F0.1 S1500;	内孔精加工
N110	G00 X100 Z100;	
N120	M05 M30;	

二、实训准备

(1)安全、环保及预防性措施。

(2)设备、工具、材料。

三、实训步骤

(1)启动数控车床,返回参考点。

(2)装夹工件和刀具。

(3)输入程序并验证。

(4)对刀,采用试切方法完成对刀操作。

(5)自动运行加工程序。

(6)测量加工尺寸,分析加工误差。

四、注意事项

(1)正确安装车刀,确保切削刃位置正确。

(2)确认各刀具安装的刀位和程序中的刀号一致。

五、工时定额

(1)编程时间:30 min。

(2)操作时间:90 min。

评价要素		配分	等级	评　分　细　则	评定等级					得分
					A	B	C	D	E	
1	工艺卡片:工步内容、切削参数	5	A	工序工步、切削参数合理						
			B	1个工步、切削参数不合理						
			C	2个工步、切削参数不合理						
			D	3个及以上工步、切削参数不合理						
			E	未答题						

续表

<table>
<tr><th colspan="2" rowspan="2">评价要素</th><th rowspan="2">配分</th><th rowspan="2">等级</th><th rowspan="2">评 分 细 则</th><th colspan="5">评定等级</th><th rowspan="2">得分</th></tr>
<tr><th>A</th><th>B</th><th>C</th><th>D</th><th>E</th></tr>
<tr><td rowspan="5">2</td><td rowspan="5">工艺卡片：其他各项（夹具、材料、NC 程序文件名、使用设备等）</td><td rowspan="5">2</td><td>A</td><td>填写完整、正确</td><td rowspan="5"></td><td rowspan="5"></td><td rowspan="5"></td><td rowspan="5"></td><td rowspan="5"></td><td rowspan="5"></td></tr>
<tr><td>B</td><td></td></tr>
<tr><td>C</td><td></td></tr>
<tr><td>D</td><td>漏填或填错一项及以上</td></tr>
<tr><td>E</td><td>未答题</td></tr>
<tr><td rowspan="5">3</td><td rowspan="5">数控刀具卡片</td><td rowspan="5">3</td><td>A</td><td>刀具选择合理，填写完整</td><td rowspan="5"></td><td rowspan="5"></td><td rowspan="5"></td><td rowspan="5"></td><td rowspan="5"></td><td rowspan="5"></td></tr>
<tr><td>B</td><td></td></tr>
<tr><td>C</td><td>1 把刀具不合理或漏选</td></tr>
<tr><td>D</td><td>2 把及以上刀具不合理或漏选</td></tr>
<tr><td>E</td><td>未答题</td></tr>
<tr><td rowspan="5">4</td><td rowspan="5">外圆加工程序</td><td rowspan="5">16</td><td>A</td><td>正确而且简洁高效</td><td rowspan="5"></td><td rowspan="5"></td><td rowspan="5"></td><td rowspan="5"></td><td rowspan="5"></td><td rowspan="5"></td></tr>
<tr><td>B</td><td>正确但效率不高</td></tr>
<tr><td>C</td><td></td></tr>
<tr><td>D</td><td>不正确</td></tr>
<tr><td>E</td><td>未答题</td></tr>
<tr><td rowspan="5">5</td><td rowspan="5">$\phi36_{-0.04}^{0}$ 尺寸</td><td rowspan="5">4</td><td>A</td><td>符合公差要求</td><td rowspan="5"></td><td rowspan="5"></td><td rowspan="5"></td><td rowspan="5"></td><td rowspan="5"></td><td rowspan="5"></td></tr>
<tr><td>B</td><td></td></tr>
<tr><td>C</td><td></td></tr>
<tr><td>D</td><td>不符合公差要求</td></tr>
<tr><td>E</td><td>未答题</td></tr>
<tr><td colspan="2">合计配分</td><td>30</td><td colspan="7">合计得分</td><td></td></tr>
<tr><td>备注</td><td colspan="10">1. 程序简洁高效是指：能采用正确的循环指令，循环指令参数设定正确，没有明显空刀现象。
2. 程序效率不高是指：编程指令选择不是最合适，或者参数设定不合理，有明显的空刀现象。</td></tr>
</table>

等级	A（优）	B（良）	C（及格）	D（差）	E（未答题）
比值	1.0	0.8	0.6	0.2	0

“评价要素”得分＝配分×等级比值

任务五 复杂套类零件加工实例

任务目标

1. 能够正确叙述数控车床的操作过程。
2. 根据零件图正确确定加工工艺步骤。
3. 能够正确选取刀具。
4. 遵守操作规程,文明生产,安全第一。

任务描述

如图 4-5 所示为盘套类零件,已知毛坯尺寸为 $\phi80\times\phi25\times42$ mm,编写数控加工程序并进行图形模拟加工。

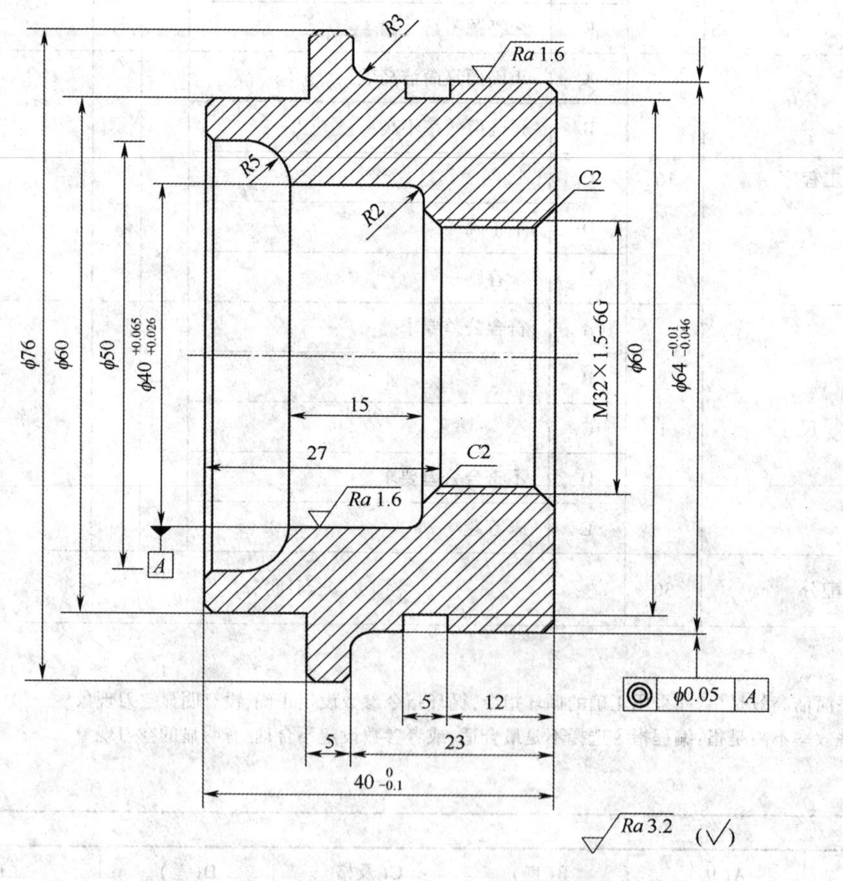

图 4-5 零件图

1. 图样分析

本任务要求加工盘套类零件,外圆最大直径为 $\phi76$,内孔最小直径为 M32 的螺纹,选用材料为 45 钢,毛坯直径为 $\phi80$,表面粗糙度为 $Ra1.6$ μm。

2. 工艺分析

(1)工件的装夹与定位

该工件需要二次装夹加工,先用三爪自定心卡盘装夹,使毛坯伸出长度大于 20 mm,加工左端的外圆到尺寸,然后加工内孔到 M32 螺纹左端倒角处;然后掉头,卡总长,加工右端外圆、内孔到尺寸,加工内孔螺纹,用槽刀加工外圆槽。

(2)拟定加工方案

一般采用循环指令加工。FANUNOi 数控系统中,可采用 G71 指令来完成。

(3)设计加工工步

车端面→粗车外圆→半精车外圆→精车外圆→倒角→钻孔→车内孔→倒角→调头取总长→粗加工右端外圆→半精加工外圆→精加工外圆→加工内孔→车螺纹→切外圆槽。

(4)选用量具

①游标卡尺(0~150 mm)。

②外径千分尺(0~25 mm)。

③外径千分尺(25~50 mm)。

④外径千分尺(50~75 mm)。

⑤外径千分尺(75~100 mm)。

3. 选择刀具及切削用量

1 号刀为 37°外圆车刀,粗加工,选择 $r=800$ r/min,$f=0.2$ mm/r,$a_p=2$ mm;精车时,选择 $r=1\ 200$ r/min,$f=0.1$ mm/r,$a_p=0.25$ mm。

2 号刀为内孔刀,粗加工,选择 $r=800$ r/min,$f=0.2$ mm/r,$a_p=2$ mm;精车时,选择 $r=1\ 200$ r/min,$f=0.1$ mm/r,$a_p=0.25$ mm。

3 号刀为 5 mm 切断刀,切断转速 $r=800$ r/min。

4 号刀为螺纹刀,切螺纹时,选择主轴转速 $r=500$ r/min。

一、编写加工程序

程　序		程序说明
O1234		(加工工件左端)
N10	M03 S800;	主轴转速:800 r/min

续表

程　序		程序说明
O1234		（加工工件左端）
N20	T0101；	选用1号车刀
N30	G00 X38 Z3；	快速定位至工件附近
N40	G71 U2 R1；	循环粗车
N50	G71 P10 Q20 U0.5 W0 F2；	
N60	N10 G0 X28 F0.1 S800；	
N70	G01 Z0；	
N80	X30 Z0；	
N90	N20 Z-40；	
N100	G70 P10 Q20 S1500 F0.1；	精加工
N110	G00 X100 Z100；	
N120	M05 M30；	
钻孔	用 ϕ14 的钻头	主轴转速在 500 r/min
	内孔加工程序 O1235	
N10	M03 S800；	主轴转速：800 r/min
N20	T0202；	选用2号车刀
N30	G00 X10 Z3；	快速定位至工件附近
N40	G71 U1 R0.5；	循环粗车
N50	G71 P10 Q20 U-0.5 W0 F2；	
N60	N10 G00 X18 F0.1 S800；	
N70	G01 X16 Z-1；	
N80	N20 Z-39；	
N90	G70 P10 Q20 F0.1 S1500；	内孔精加工
N110	G00 X100 Z100；	
N120	M05 M30；	

二、实训准备

（1）安全、环保及预防性措施。

（2）设备、工具、材料。

三、实训步骤

（1）启动数控车床，返回参考点。

（2）装夹工件和刀具。

（3）输入程序并验证。

（4）对刀，采用试切方法完成对刀操作。

（5）自动运行加工。

(6)测量加工尺寸,分析加工误差。

四、注意事项

(1)正确安装车刀,确保切削刃位置正确。
(2)确认各刀具安装的刀位和程序中的刀号一致。

五、工时定额

(1)编程时间:30 min。
(2)操作时间:90 min。

评价要素		配分	等级	评 分 细 则	评定等级					得分
					A	B	C	D	E	
1	工艺卡片:工步内容、切削参数	5	A	工序工步、切削参数合理						
			B	1个工步、切削参数不合理						
			C	2个工步、切削参数不合理						
			D	3个及以上工步、切削参数不合理						
			E	未答题						
2	工艺卡片:其他各项(夹具、材料、NC程序文件名、使用设备等)	2	A	填写完整、正确						
			B							
			C							
			D	漏填或填错一项及以上						
			E	未答题						
3	数控刀具卡片	3	A	刀具选择合理,填写完整						
			B							
			C	1把刀具不合理或漏选						
			D	2把及以上刀具不合理或漏选						
			E	未答题						
4	外圆加工程序	16	A	正确而且简洁高效						
			B	正确但效率不高						
			C							
			D	不正确						
			E	未答题						

续表

<table>
<tr><td colspan="2" rowspan="2">评价要素</td><td rowspan="2">配分</td><td rowspan="2">等级</td><td rowspan="2">评 分 细 则</td><td colspan="5">评定等级</td><td rowspan="2">得分</td></tr>
<tr><td>A</td><td>B</td><td>C</td><td>D</td><td>E</td></tr>
<tr><td rowspan="5">5</td><td rowspan="5">$\phi36_{-0.04}^{0}$ 尺寸</td><td rowspan="5">4</td><td>A</td><td>符合公差要求</td><td rowspan="5"></td><td rowspan="5"></td><td rowspan="5"></td><td rowspan="5"></td><td rowspan="5"></td><td rowspan="5"></td></tr>
<tr><td>B</td><td></td></tr>
<tr><td>C</td><td></td></tr>
<tr><td>D</td><td>不符合公差要求</td></tr>
<tr><td>E</td><td>未答题</td></tr>
<tr><td colspan="2">合计配分</td><td>30</td><td colspan="7">合计得分</td><td></td></tr>
<tr><td>备注</td><td colspan="10">1. 程序简洁高效是指:能采用正确的循环指令,循环指令参数设定正确,没有明显空刀现象。
2. 程序效率不高是指:编程指令选择不是最合适,或者参数设定不合理,有明显的空刀现象。</td></tr>
</table>

等级	A(优)	B(良)	C(及格)	D(差)	E(未答题)
比值	1.0	0.8	0.6	0.2	0

"评价要素"得分=配分×等级比值

任务六 套类零件自动编程加工实例

1. 能够正确叙述数控车床的操作过程。
2. 根据零件图正确确定加工工艺步骤。
3. 熟练掌握 CAXA 数控车软件。
4. 能够正确选取刀具。
5. 遵守操作规程,文明生产,安全第一。

如图 4-6 所示为成型面零件,已知毛坯尺寸为 $\phi50\times100$ mm,编制数控加工工艺,并进行软件在线加工。

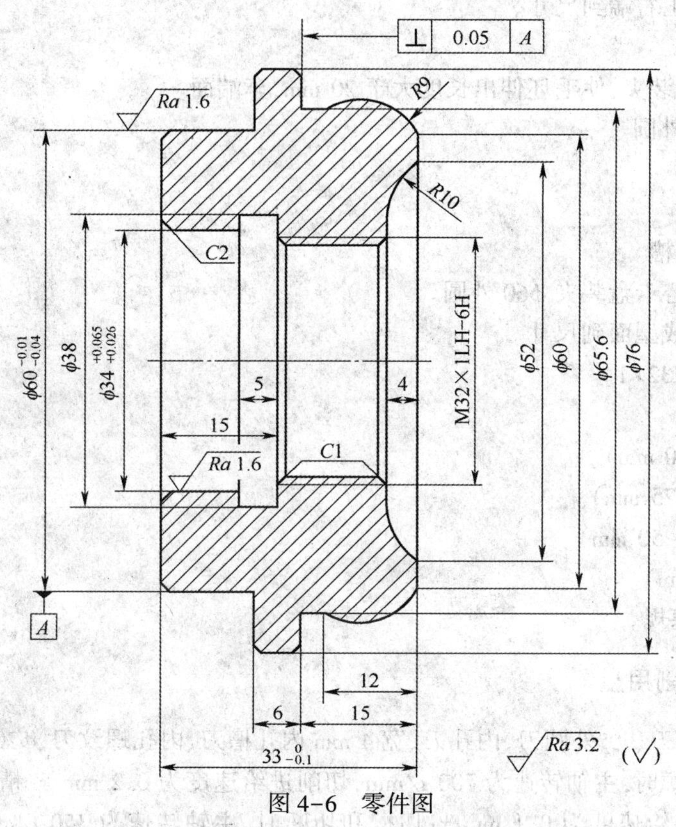

图 4-6　零件图

1. 图样分析

本任务要求加工成型面，零件右端有一个 *R*9 的凹球面，右端内孔有螺纹，左端内孔有槽，选用材料为 45 钢，毛坯直径为 ϕ80 mm，表面粗糙度最高为 *Ra*1.6 μm。

2. 工艺分析

(1)工件的装夹与定位

该工件需要两次装夹加工，先用三爪自定心卡盘装夹，使毛坯伸出长为大于 20 mm，加工左端外圆，然后掉头进行二次装夹，此时装夹左端加工过的外圆表面并使 ϕ60 外圆顶在三爪自定心卡盘处，加工右端外圆。

(2)拟定加工方案

本任务加工的内容包括外圆、沟槽和螺纹，合理确定这三个部分的加工顺序是正确编程的前提。本产品应先加工出左端外圆 ϕ60、内孔 ϕ34 等；此处沟槽也称为螺纹退刀槽，可以避免车削螺纹终了时损坏刀具，因此应安排在切削螺纹之前加工。M32×1 螺纹是加工重点，该螺纹螺距小、牙深浅，适合使用 G92 指令编程。编制加工程序前，还要考虑螺纹切削时的升速段与降速段，计算螺纹小径的尺寸，设计切削螺纹走刀次数及每次切削的深度。掉头装夹 ϕ60 外圆，让三爪自定心卡盘顶到 ϕ76 外圆的左端面上,此时用外圆刀加工右端到尺寸。

(3)设计加工工步

①三爪自定心卡盘装夹,使毛坯伸出长度大于 20 mm,车端面。

②粗、精加工 ϕ60 外圆。

③ϕ20 钻头钻透。

④粗、精加工内孔。

⑤切宽为 5 的退刀槽。

⑥掉头,三爪自定心卡盘装夹 ϕ60 外圆。

⑦粗、精加工右端成型面到尺寸。

⑧加工内孔螺纹 M32×1。

(4)选用量具

①游标卡尺(0~150 mm)。

②外径千分尺(0~25 mm)。

③外径千分尺(25~50 mm)。

④深度尺(0~50 mm)。

⑤M32×1 螺纹的塞规。

3. 选择刀具及切削用量

刀具选择:37°外圆刀、90°外圆刀、内孔刀、宽 4 mm 内孔槽刀、内孔螺纹刀、ϕ20 钻头。

切削用量:粗车轮廓时,主轴转速为 700 r/min,切削进给速度为 0.2 mm/r;精车轮廓时,主轴转速为 1 500 r/min,切削进给速度为 0.1 mm/r;切槽和切断时,主轴转速为 350 r/min,切削进给速度为 0.1 mm/r;车削螺纹时,主轴转速为 450 r/min,切削进给速度为 1.5 mm/r。

一、计算机操作过程

(1)CAXA 数控车软件绘制零件图。

(2)通过后置处理生成刀具轨迹。

(3)生成 G 指令。

(4)导入机床。

二、加工步骤

(1)启动数控车床,返回参考点。

(2)装夹工件和刀具。

(3)输入程序并验证。

(4)对刀,采用试切法完成对刀操作。

(5)自动运行加工程序。

(6)测量加工尺寸,分析加工误差。

三、注意事项

(1)内螺纹的底孔直径 D_1 按公式 $D_1=D-P$ 计算。

(2)螺纹刀试切对刀时,试切内孔的切削深度不宜太深,以防止刀杆变形,影响 X 坐标的对刀精度。

(3)螺纹循环起始点要定位在孔的内侧。

(4)车削内螺纹时,要考虑刀具切削时的升速段与降速段,每次循环切削的深度应依次减小。

(5)内螺纹切削加工的难点是测量不便,一般是,将与之相配合的外螺纹做成螺纹规,然后用螺纹规检验待加工内螺纹是否合格。

四、工时定额

(1)绘图时间:30 min。

(2)操作时间:90 min。

评价要素		配分	等级	评分细则	评定等级					得分
					A	B	C	D	E	
1	工艺卡片:工步内容、切削参数	5	A	工序工步、切削参数合理						
			B	1个工步、切削参数不合理						
			C	2个工步、切削参数不合理						
			D	3个及以上工步、切削参数不合理						
			E	未答题						
2	工艺卡片:其他各项(夹具、材料、NC程序文件名、使用设备等)	1	A	填写完整、正确						
			B							
			C							
			D	漏填或填错一项及以上						
			E	未答题						
3	数控刀具卡片	2	A	刀具选择合理,填写完整						
			B							
			C	1把刀具不合理或漏选						
			D	2把及以上刀具不合理或漏选						
			E	未答题						

续表

	评价要素	配分	等级	评分细则	评定等级					得分
					A	B	C	D	E	
4	内外圆、槽、螺纹加工程序与实体加工仿真	16	A	正确而且简洁高效						
			B	正确但效率不高						
			C							
			D	不正确						
			E	未答题						
5	$\phi60_{-0.04}^{-0.01}$ 尺寸	2	A	符合公差要求						
			B							
			C							
			D	不符合公差要求						
			E	未答题						
6	$\phi34_{+0.026}^{+0.065}$ 尺寸	2	A	符合公差要求						
			B							
			C							
			D	不符合公差要求						
			E	未答题						
7	刀尖圆弧半径补偿	2	A	右外圆及左、右内孔共 3 段加工程序都使用了正确的刀尖圆弧半径补偿						
			B	有 1 段加工程序没使用刀尖圆弧半径补偿						
			C	有 2 段加工程序没使用刀尖圆弧半径补偿						
			D	都没使用刀尖圆弧半径补偿						
			E	未答题						
	合计配分	30		合计得分						
备注	1. 程序简洁高效是指：能采用正确的循环指令，循环指令参数设定正确，没有明显空刀现象。 2. 程序效率不高是指：编程指令选择不是最合适，或者参数设定不合理，有明显的空刀现象。									

等级	A(优)	B(良)	C(及格)	D(差)	E(未答题)
比值	1.0	0.8	0.6	0.2	0

“评价要素”得分=配分×等级比值

任务七 组合类零件加工实例

任务目标

1. 会对典型轴套类零件数控加工的工艺性进行分析。
2. 掌握组合件加工的工艺路线的制订方法。
3. 会选择刀具和切削用量
4. 了解组合件加工过程。

任务描述

如图 4-7 所示，该零件属于轴套组合件。其主要技术要求为：不可用纱布、锉刀修整表面。左端 $\phi30$ 的外圆对右端 $\phi30$ 的外圆的同轴度公差为 0.01 mm。轴套内径与外径的同轴度公差为 0.05 mm，$\phi30$ 的内径与 $\phi48$ 外端面的垂直度公差为 0.02 mm，根据零件图完成实际加工。

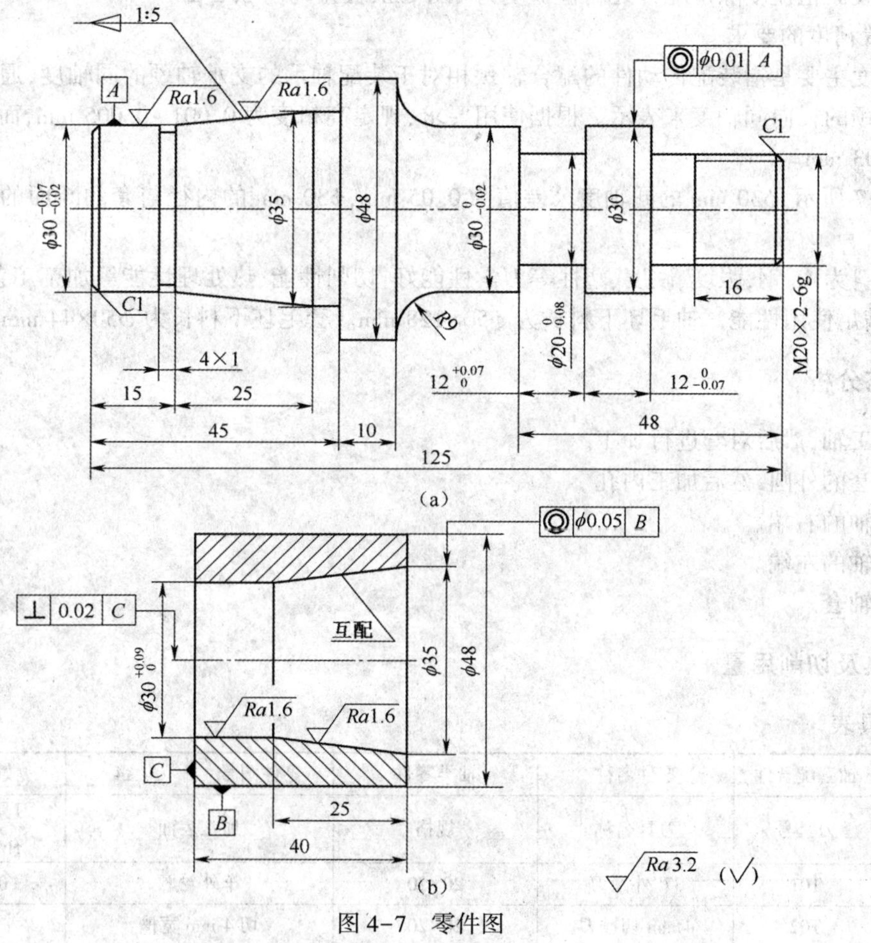

图 4-7 零件图

1. 图样分析

(1)尺寸精度

轴是轴类零件的主要表面,它影响轴的回转精度及工作状态。轴颈的直径精度根据其使用要求通常为IT6~IT9,精密轴颈可达IT5。套的外径精度相对于内径精度来说要高一些。

该零件总长度为125 mm,$\phi20$的轴径上偏差为0,下偏差为-0.08精度要求非常高。$\phi30$外圆的上偏差为0,下偏差为-0.02。最左端外圆直径为30,上偏差为-0.07,下偏差为-0.02。套的总长度为40 mm。套的小径为30,上偏差为0.09下偏差为0。

(2)表面粗糙度的要求

根据零件的表面工作部位的不同,可有不同的表面粗糙度。例如,普通机床主轴支承轴颈的表面粗糙度为Ra1.6~6.3 μm。随着机器运转速度的增大和精密度的提高,轴类零件表面粗糙度值要求也将越来越小。

该零件表面粗糙度除了配合处的粗糙度为1.6 μm,其余均为3.2 μm。

(3)位置精度的要求

位置精度主要是指装配传动件的配合轴颈相对于装配轴承的支承轴颈的同轴度,通常是用配合轴颈对支承轴颈的径向同轴度来表示。根据使用要求,规定高精度为0.001~0.005 mm,而一般精度的轴为0.01~0.03 mm。

如图4-7所示,$\phi30$ mm的同轴度公差值为0.05 mm,$\phi30$ mm的内径与套的断面的垂直度公差值为0.02 mm。

毛坯材料为45钢,强度、硬度、塑性等力学性能好,切削性能、热处理性能等加工工艺性能好,便于加工,能够满足使用性能。轴毛坯下料长为$\phi50\times128$ mm。套毛坯下料长为$\phi50\times44$ mm。

2. 工艺分析

①先加工轴,然后对套进行加工。
②加工套的外圆,然后加工内孔。
③加工轴的右端。
④加工轴的左端。
⑤加工轴套。

3. 刀具及切削用量

(1)刀具表

产品名称	轴套配合件	零件名称	轴类零件	零件图号	A4	姓名	
工部号	刀具号	刀具名称	规格	加工表面		刀具半径补偿量	备注
01	T01	37°外圆刀	20×20	车外轮廓		0.2	自动
02	T02	4 mm切槽刀	20×20	切4 mm宽槽		0	自动

续表

产品名称	轴套配合件	零件名称	轴类零件	零件图号	A4	姓名	
工部号	刀具号	刀具名称	规格	加工表面		刀具半径补偿量	备注
03	T03	60°螺纹车刀	20×20	车削螺纹		0	自动
04	T05	钻头	ϕ20	钻孔		0	手动
05	T06	45°端面车刀	20×20	平端面		0	手动
编制	审核	批准				共 1 页	第 1 页

(2)切削用量

粗车轮廓时,主轴转速为700 r/min,切削进给速度为0.2 mm/r;精车轮廓时,主轴转速为1 500 r/min,切削进给速度为0.1 mm/r;切槽和切断时,主轴转速为350 r/min,切削进给速度为0.1 mm/r;车削螺纹时,主轴转速为450 r/min,切削进给速度为1.5 mm/r。

一、计算机操作过程

(1)使用CAXA数控车软件绘制零件图。
(2)通过后置处理生成刀具轨迹。
(3)生成G代码。
(4)导入机床。

二、加工步骤

(1)启动数控车床,返回参考点。
(2)装夹工件和刀具。
(3)输入程序并验证。
(4)对刀,采用试切方法完成对刀操作。
(5)自动运行加工。
(6)测量加工尺寸,分析加工误差。

三、工艺卡片

<table>
<tr><td rowspan="2">姓名</td><td rowspan="2"></td><td>产品名称</td><td>零件名称</td><td>零件图号</td><td>A4</td></tr>
<tr><td colspan="2">轴套配合件的数控加工工艺分析</td><td>程序号</td><td>O0001
O0002
O0003</td></tr>
<tr><td>工序号</td><td>程序编号</td><td colspan="2">夹具名称</td><td>使用设备</td><td>车间</td></tr>
<tr><td>01</td><td>O0001 O0002
O0003</td><td colspan="2">三爪自定心卡盘</td><td>卧式数控车床</td><td>实训楼</td></tr>
</table>

工步号	工步内容	刀具号	刀具规格	主轴转速 (r/min)	进给速度 (mm/r)	背吃刀量	备注
1	车右端面	T01	37°	700			手动
2	粗车轴右端外轮廓	T01	37°	700	0.2	2.0	自动
3	精车轴右端外轮廓	T01	37°	1 500	0.1	0.3	自动
4	切槽	T02		350	0.2	1.0	自动
5	车螺纹	T03		450			自动
6	调头保证长度	T01	37°	450	0.3	2.0	手动
7	粗车车左端轮廓	T01	37°	500	0.2	2.0	自动
8	精车左端轮廓	T01	37°	1 200	0.2	2.0	自动
9	切槽	T02		450		1.0	自动
10	粗车套外圆	T01	37°	500	0.2	2.0	自动
11	精车套外圆	T01	37°	1 200	0.2	0.3	自动
12	钻孔			350			手动
13	车削内孔	T04		500	0.2		自动
编制	审核	批准			共 1 页	第 1 页	

四、工时定额

(1)绘图时间:50 min。

(2)操作时间:180 min。

<table>
<tr><th colspan="2" rowspan="2">评价要素</th><th rowspan="2">配分</th><th rowspan="2">等级</th><th rowspan="2">评 分 细 则</th><th colspan="5">评定等级</th><th rowspan="2">得分</th></tr>
<tr><th>A</th><th>B</th><th>C</th><th>D</th><th>E</th></tr>
<tr><td rowspan="5">1</td><td rowspan="5">工艺卡片:工步内容、切削参数</td><td rowspan="5">5</td><td>A</td><td>工序工步、切削参数合理</td><td rowspan="5"></td><td rowspan="5"></td><td rowspan="5"></td><td rowspan="5"></td><td rowspan="5"></td><td rowspan="5"></td></tr>
<tr><td>B</td><td>1 个工步、切削参数不合理</td></tr>
<tr><td>C</td><td>2 个工步、切削参数不合理</td></tr>
<tr><td>D</td><td>3 个及以上工步、切削参数不合理</td></tr>
<tr><td>E</td><td>未答题</td></tr>
</table>

续表

	评价要素	配分	等级	评 分 细 则	评定等级					得分
					A	B	C	D	E	
2	工艺卡片:其他各项(夹具、材料、NC程序文件名、使用设备等)	1	A	填写完整、正确						
			B							
			C							
			D	漏填或填错一项及以上						
			E	未答题						
3	数控刀具卡片	2	A	刀具选择合理,填写完整						
			B							
			C	1把刀具不合理或漏选						
			D	2把及以上刀具不合理或漏选						
			E	未答题						
4	内外圆、槽、螺纹加工程序与实体加工仿真	16	A	正确而且简洁高效						
			B	正确但效率不高						
			C							
			D	不正确						
			E	未答题						
5	$\phi30_{-0.07}^{-0.02}$尺寸	2	A	符合尺寸公差要求						
			B							
			C							
			D	不符合尺寸公差要求						
			E	未答题						
6	$\phi20_{-0.08}^{0}$尺寸	2	A	符合公差要求						
			B							
			C							
			D	不符合公差要求						
			E	未答题						
7	刀尖圆弧半径补偿	2	A	右外圆及左、右内孔共3段加工程序都使用了正确的刀尖圆弧半径补偿						
			B	有1段加工程序没使用刀尖圆弧半径补偿						
			C	有2段加工程序没使用刀尖圆弧半径补偿						
			D	都没使用刀尖圆弧半径补偿						
			E	未答题						

续表

评价要素		配分	等级	评分细则	评定等级					得分
					A	B	C	D	E	
合计配分		30	合计得分							
备注	1. 程序简洁高效是指:能采用正确的循环指令,循环指令参数设定正确,没有明显空刀现象。 2. 程序效率不高是指:编程指令选择不是最合适,或者参数设定不合理,有明显的空刀现象。									

等级	A(优)	B(良)	C(及格)	D(差)	E(未答题)
比值	1.0	0.8	0.6	0.2	0

"评价要素"得分=配分×等级比值

FANUC数控车床面板介绍

车床的控制面板主要用于控制车床的运行方式、运行状态，其操作会直接引起车床相应部件的动作。车床的所有动作指令都是通过车床控制面板输入执行的，熟悉控制面板上所有按钮的功能并能熟练操作是操作数控车床的基础。

安装不同数控系统的数控车床控制面板都会有所不同，首先来认识几种常见的数控车床控制面板。

1. FANUC 0i－TC 控制面板（见附图－1）

附图－1　FANUC 0i－TC 控制面板

2. 数控系统 MDI 键盘的结构(见附图-2)

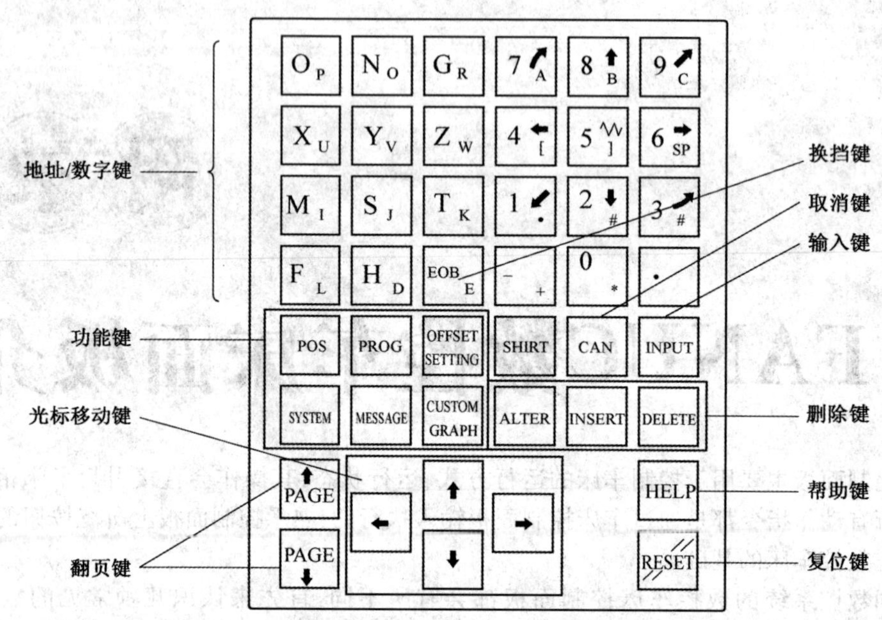

附图-2 FANUC Oi-TC 数控系统 MDI 键盘的结构

3. MDI 键盘的说明(见附表-1)

附表-1 MDI 键盘的说明

键	名称	功能说明
RESET	复位键	按下此键,复位 CNC 系统。包括取消报警、主轴故障复位、中途退出自动操作循环和中途退出输入、输出过程等
CURSOR	光标移动键	移动光标至编辑处
PAGE	页面转换键	CRT 画面向前变换页面 CRT 画面向后变换页面
	地址和数字键	按下这些键,输入字母、数字和其他字符
POS	位置显示键	在 CRT 上显示机床现在的位置
PROG	程序键	在编辑方式,编辑和显示内存中的程序 在 MDI 方式,输入和显示 MDI 数据 在自动方式,显示指令值
OFFSET SETTING	刀具偏置	偏置值设定和显示
DGNOS PARAM	自诊断参数键	参数设定和显示,诊断数据显示
MESSAGE	报警号显示键	报警号显示及软件操作面板的设定和显示
CUSTOM GRAPH	图形显示键	图形显示功能

续表

键	名称	功能说明
INPUT	输入键	用于参数或偏置值的输入;启动 I/O 设备的输入;MDI 方式下的指令数据的输入
OUTPUT START	输出启动键	输出程序到 I/O 设备
ALTER	修改键	修改存储器中程序的字符或符号
INSRT	插入键	在光标后插入字符或符号
CAN	取消键	取消已键入缓冲器的字符或符号
DELET	删除键	删除存储器中程序的字符或符号

4. 功能键和软键

功能键用于选择显示的屏幕(功能)类型。选择功能键之后,按下软键(屏幕下方选择键) 与已选功能相对应的屏幕(节)就被选中(显示)。

画面的一般操作

①在 MDI 面板上按功能键,属于选择功能的选择软键出现;

② 按其中一个章选择软键与所选的章相对应的画面出现如果目标,如果目标章的软键未显示,则按继续菜单键(下一个菜单键);

③当目标章画面显示时,按操作选择键显示被处理的数据;

④为了重新显示章选择软键,按返回菜单键。

画面的一般操作如上所述,然而从一个画面到另一画面的实际显示过程是千变万化的有关详细情况见各操作说明。功能键提供了选择要显示的画面类型如附图-3、附图-4 所示。

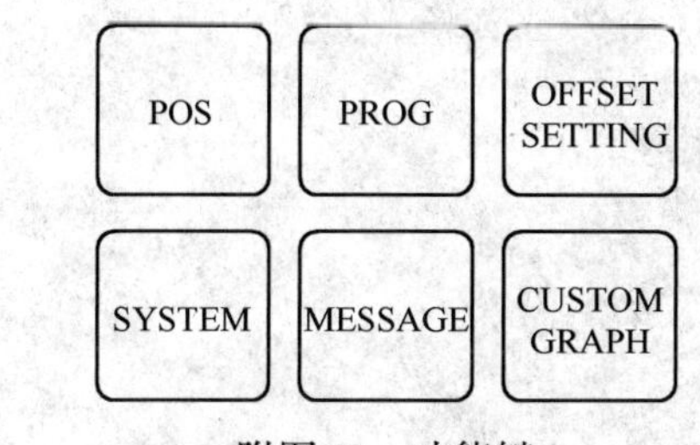

附图-3　功能键

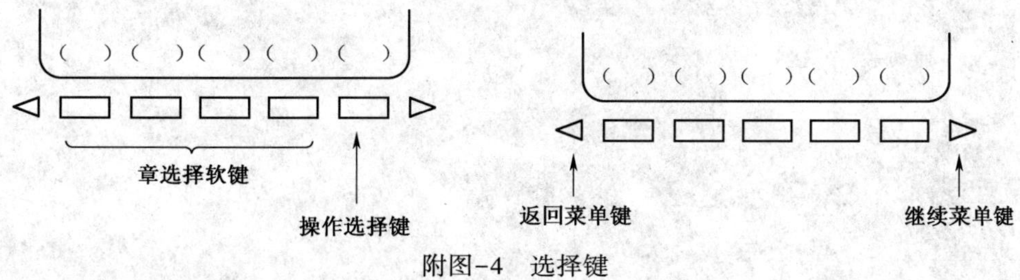

附图-4　选择键

功能键名称及说明见附表-2。

附表-2　功能键说明

键	名称	功能说明
POS	坐标键	按此键显示位置画面
PROG	程序键	按此键显示程序画面
OFFSET SETTING	偏置键	按此键显示刀偏/设定(SETTING)画面
SYSTEM	系统键	按此键显示系统画面
MESSAGE	信息键	按此键显示信息画面
CUSTOM GRAPH	图形显示键	按此键显示用户图形显示画面

附录B

技能大赛试题集锦

第一套

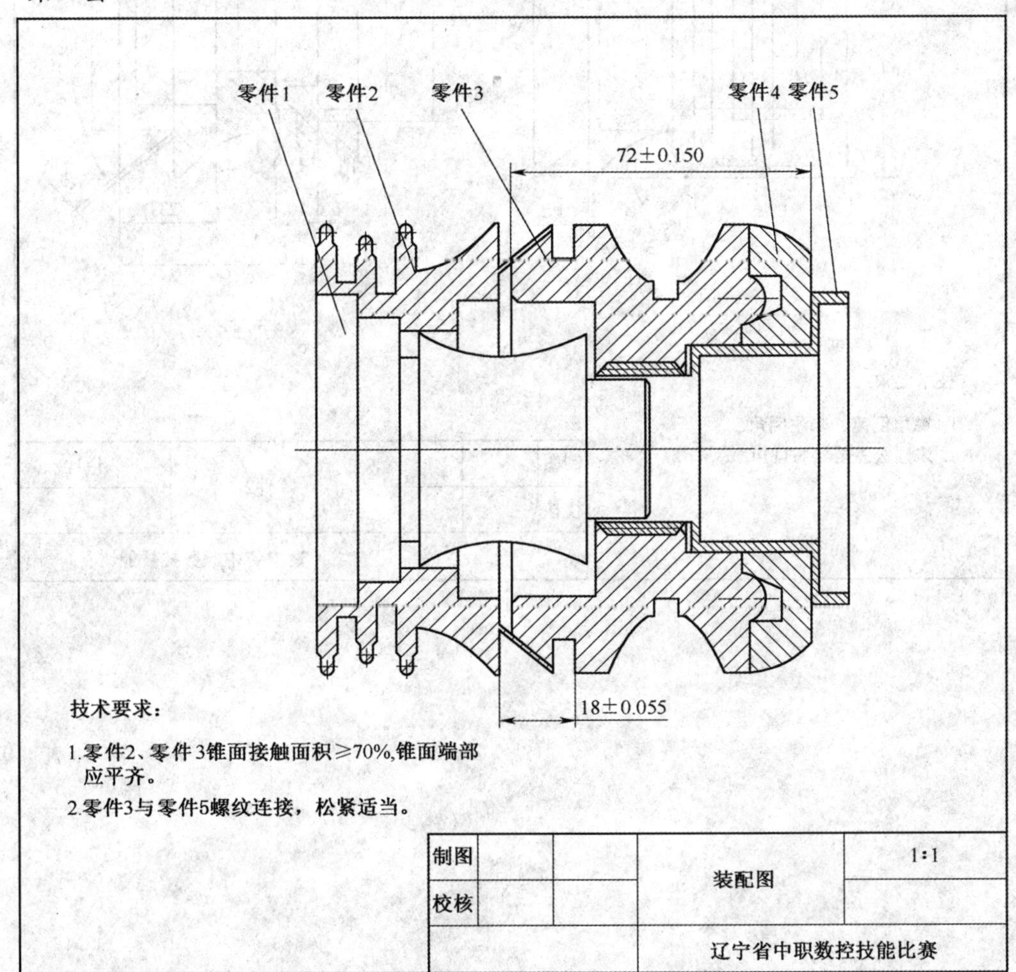

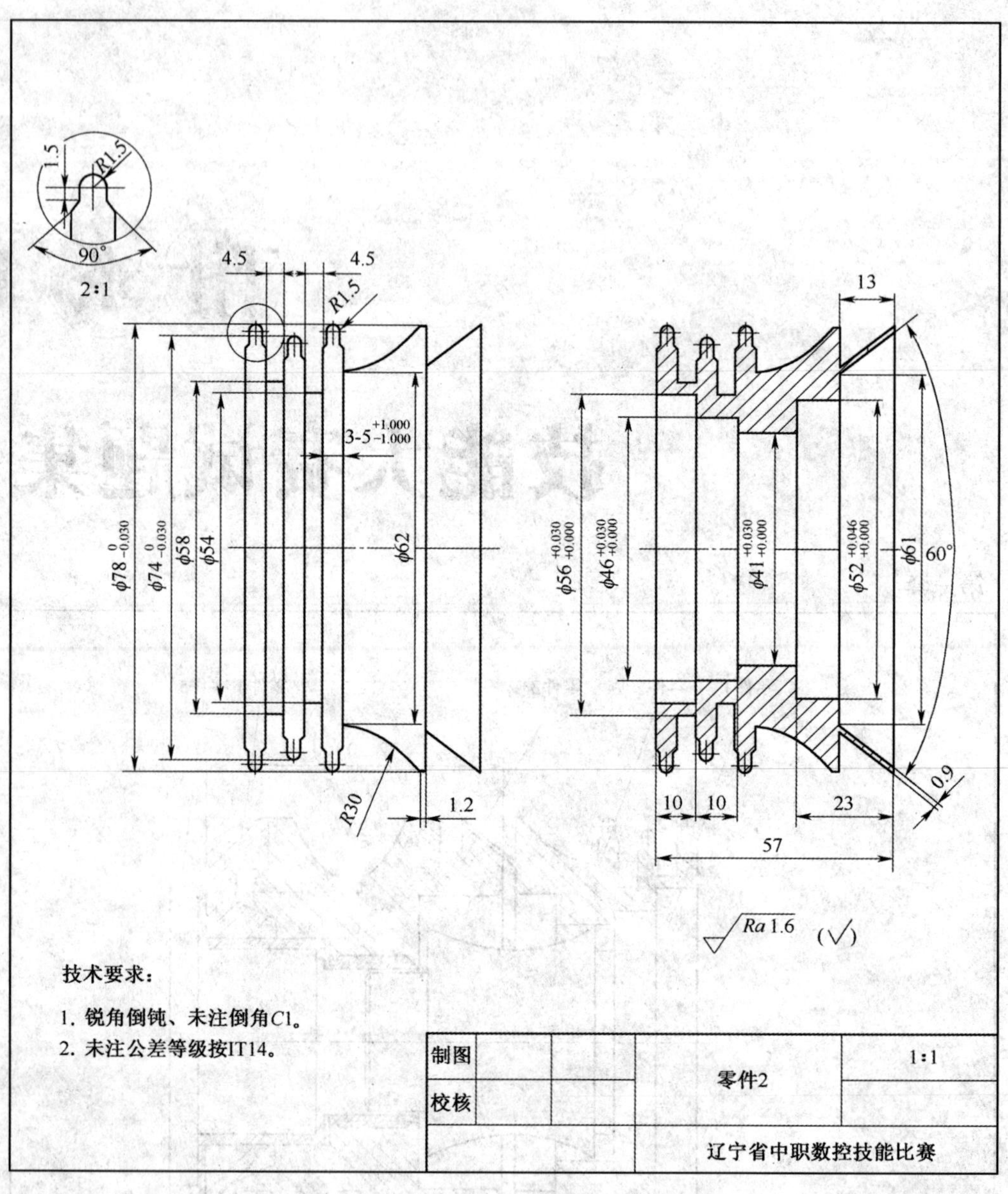
1.5
R1.5
90°
2:1
4.5
4.5
R1.5
13
3-5 +1.000 −1.000
φ78 0 −0.030
φ74 0 −0.030
φ58
φ54
φ62
φ56 +0.030 +0.000
φ46 +0.030 +0.000
φ41 +0.030 +0.000
φ52 +0.046 +0.000
φ61
60°
R30
1.2
10
10
23
0.9
57
Ra 1.6
(√)
技术要求：
1. 锐角倒钝、未注倒角C1。
2. 未注公差等级按IT14。
制图
校核
零件2
1:1
辽宁省中职数控技能比赛

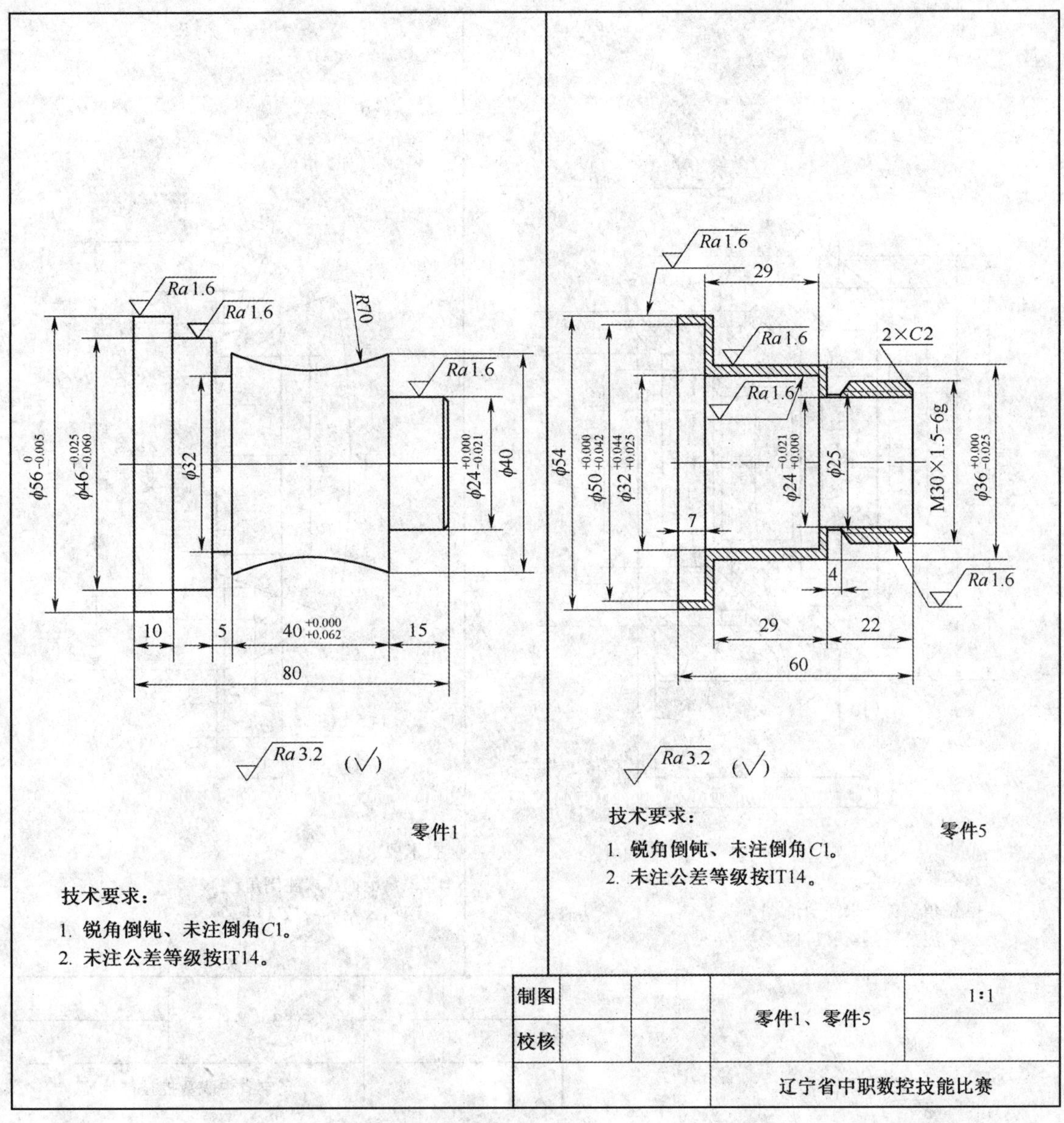
Ra 1.6
Ra 1.6
R70
Ra 1.6
φ56 0 -0.005
φ46 -0.025 -0.060
φ32
φ24 +0.000 -0.021
φ40
10
5
40 +0.000 +0.062
15
80
Ra 3.2 (√)
零件1
技术要求：
1. 锐角倒钝、未注倒角C1。
2. 未注公差等级按IT14。
Ra 1.6
29
Ra 1.6
2×C2
Ra 1.6
φ54
φ50 +0.000 +0.042
φ32 +0.044 +0.025
φ24 -0.021 +0.000
φ25
M30×1.5-6g
φ36 +0.000 -0.025
7
4
Ra 1.6
29
22
60
Ra 3.2 (√)
技术要求：
零件5
1. 锐角倒钝、未注倒角C1。
2. 未注公差等级按IT14。
制图
校核
零件1、零件5
1:1
辽宁省中职数控技能比赛

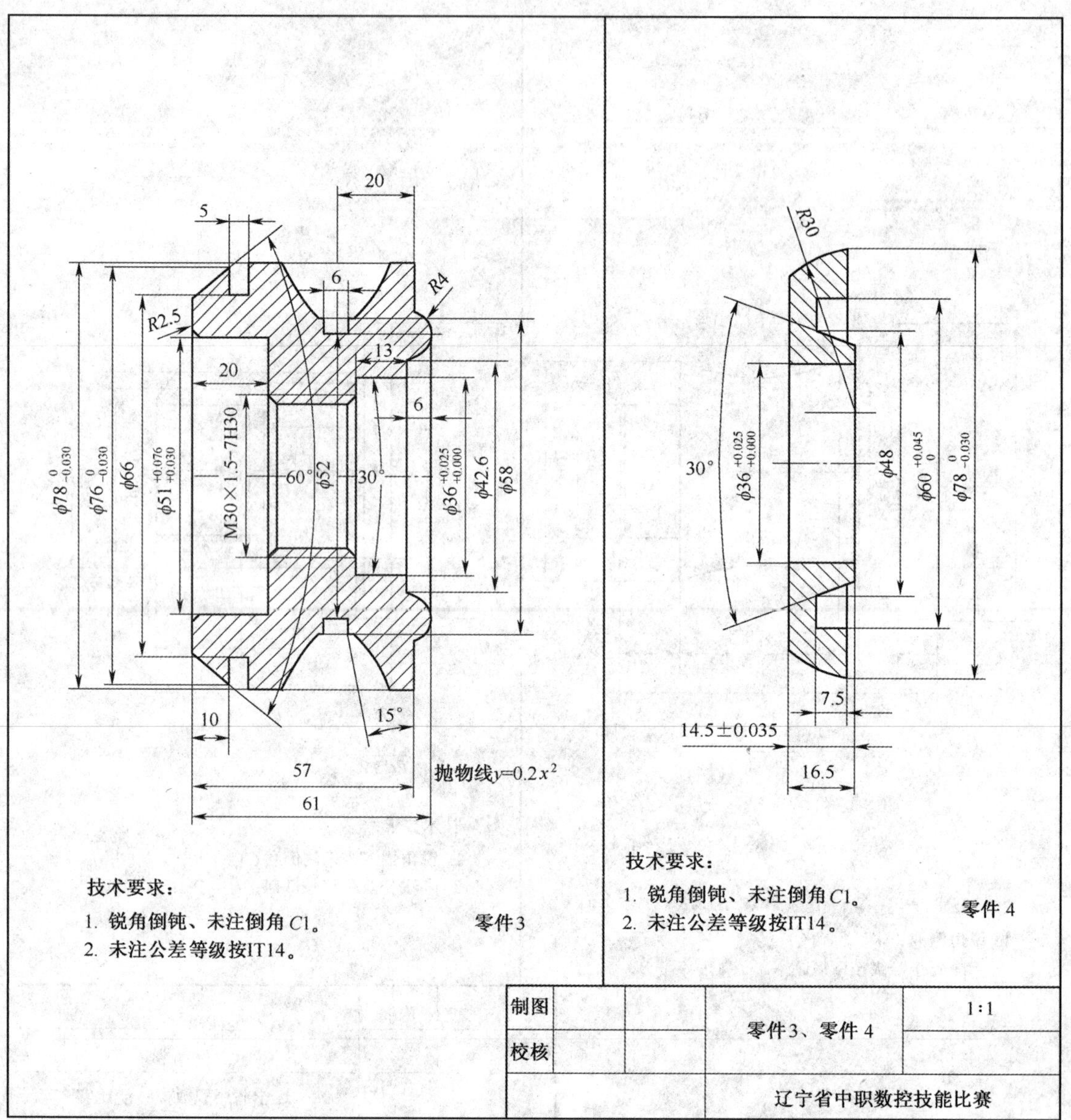

技术要求：

1. 锐角倒钝、未注倒角$C1$。
2. 未注公差等级按IT14。

零件3

技术要求：

1. 锐角倒钝、未注倒角$C1$。
2. 未注公差等级按IT14。

零件 4

制图		零件3、零件 4	1∶1
校核			
		辽宁省中职数控技能比赛	

第二套

件1
件2
件3
件4
1
83±0.08
100±0.08
123±0.08
技术要求：
1.零件1与零件2配合，锥面接触面积≥70。
2.零件3与零件4螺纹配合松紧适宜。
3.零件2、零件3圆弧配合接触面积≥70。
姓名
准考证号
裁判
接受
装配图
比例 1:1
材料 45钢
热处理：
图号：
第1页 共4页

x=10×t
y=0.8×sin(t×5)
C1.5
1
Ra 1.6
C1
R3
R2
25°
36°
80°
φ48 0 -0.025
φ30 0 -0.021
φ34 -0.009 -0.025
φ23 0 -0.021
φ32.5 0 -0.03
φ23 +0.021 0
M30×1.5-6g
4
8
6
10.64
23±0.01
34
38
14
10 0 -0.021
5 +0.021 0
111±0.03
技术要求：
1. 锐角倒钝。
2. 未注表面粗糙度Ra3.2μm。
3. 未注公差按IT14标准执行。
4. 不得使用锉刀和油石。
姓名
准考证号
裁判
接受
零件1
比例 1:1
材料 45钢
热处理：
图号：
第2页 共4页

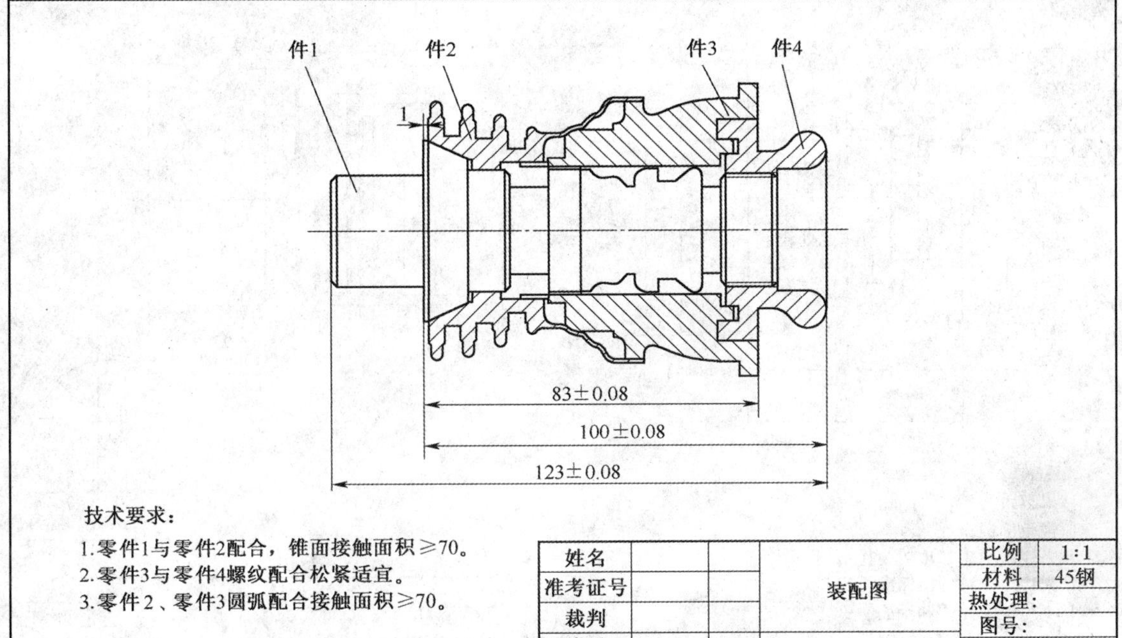

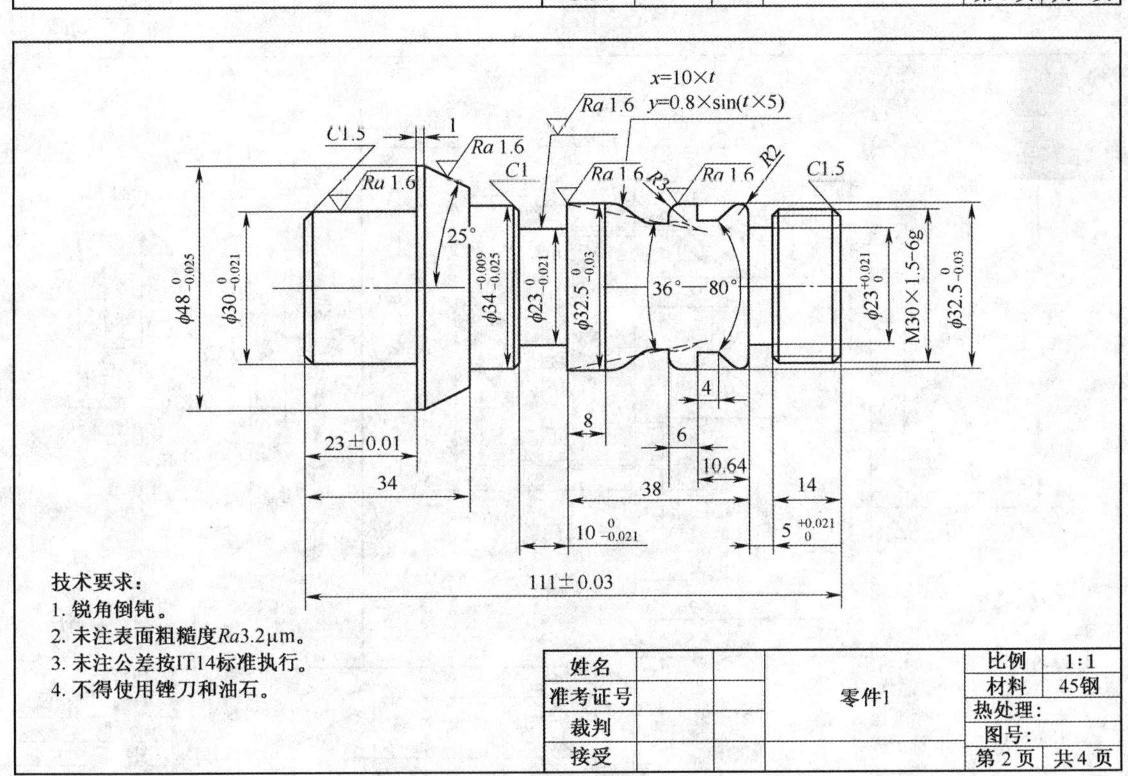

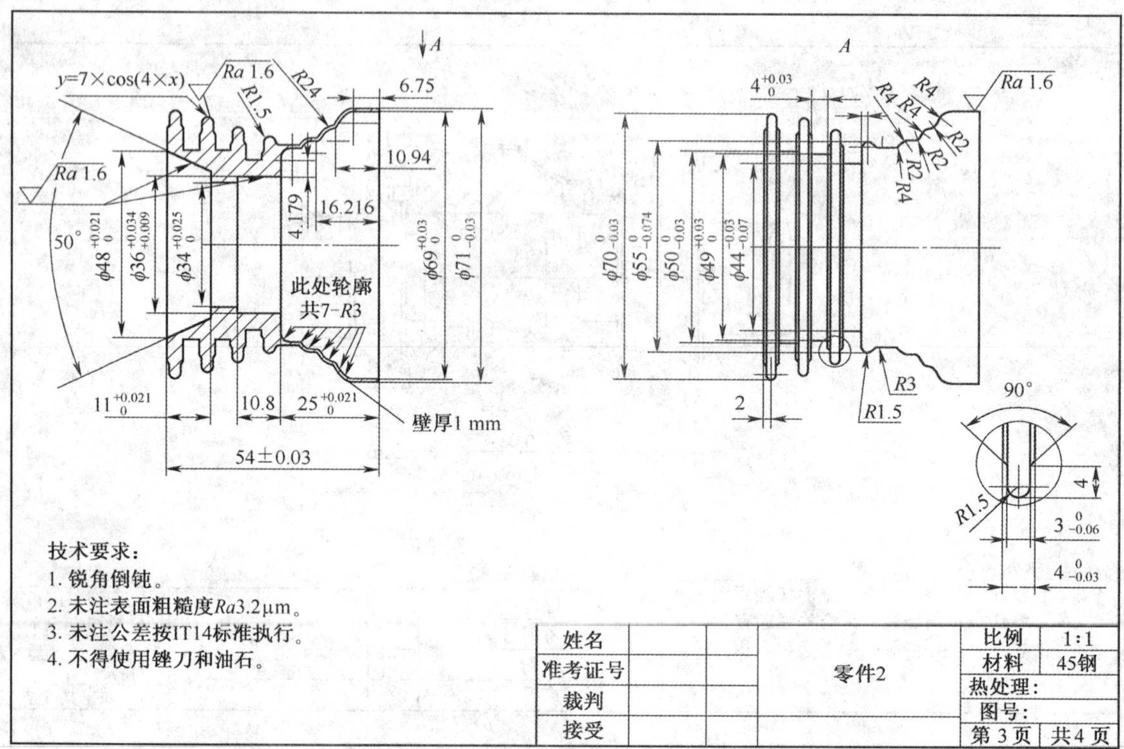

A
A
$y=7\times\cos(4\times x)$
Ra 1.6
R1.5
R24
6.75
10.94
16.216
4.179
50°
此处轮廓
共7-R3
11 +0.021 0
10.8
25 +0.021 0
壁厚1 mm
54±0.03
90°
R4
R2
R3
R1.5
2
技术要求：
1. 锐角倒钝。
2. 未注表面粗糙度Ra3.2μm。
3. 未注公差按IT14标准执行。
4. 不得使用锉刀和油石。
姓名
准考证号
裁判
接受
零件2
比例 1:1
材料 45钢
热处理：
图号：
第 3 页 共4 页

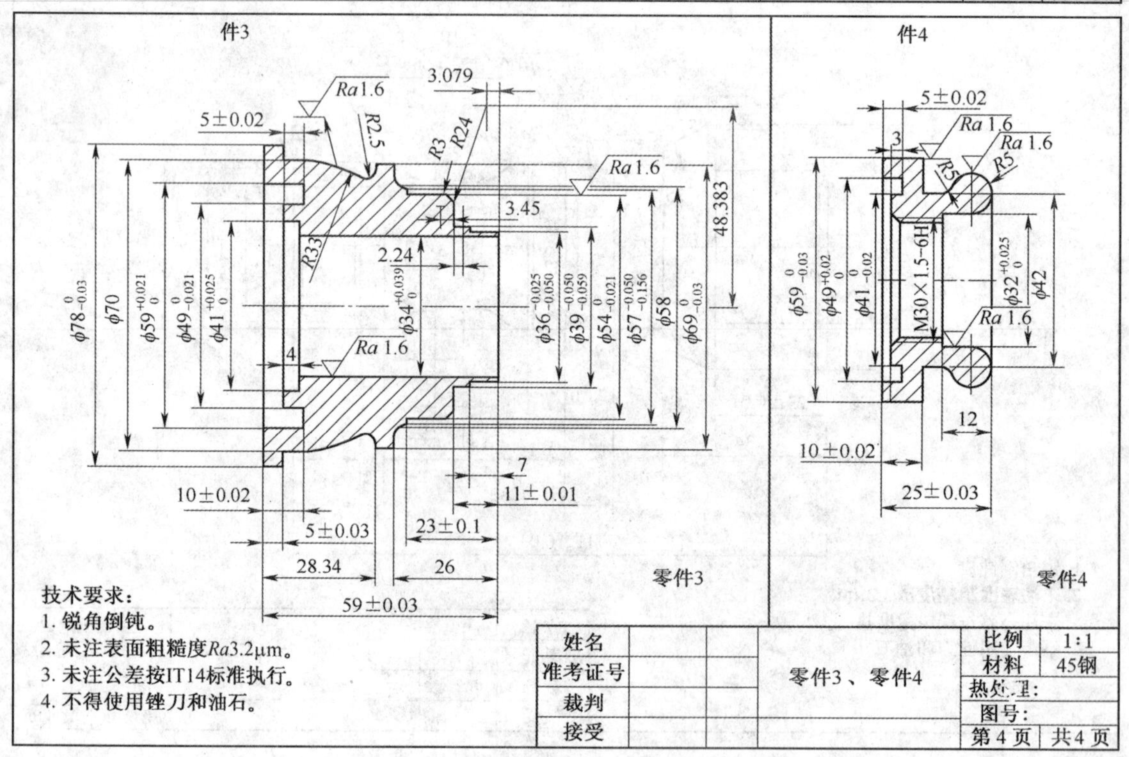

件3
件4
3.079
Ra1.6
R2.5
R3
R24
5±0.02
3.45
R33
2.24
48.383
10±0.02
5±0.03
23±0.1
7
11±0.01
28.34
26
59±0.03
M30×1.5-6H
R5
12
10±0.02
25±0.03
零件3
零件4
技术要求：
1. 锐角倒钝。
2. 未注表面粗糙度Ra3.2μm。
3. 未注公差按IT14标准执行。
4. 不得使用锉刀和油石。
姓名
准考证号
裁判
接受
零件3、零件4
比例 1:1
材料 45钢
热处理：
图号：
第 4 页 共4 页

第三套

136±0.05
制图
校核
装配1
1:1
che-01
2015辽宁省数控技能大赛数控车

167 +0.15 0
122 +0.1 0
77 +0.1 0
制图
校核
装配2
1:1
che-02
2015辽宁省数控技能大赛数控车

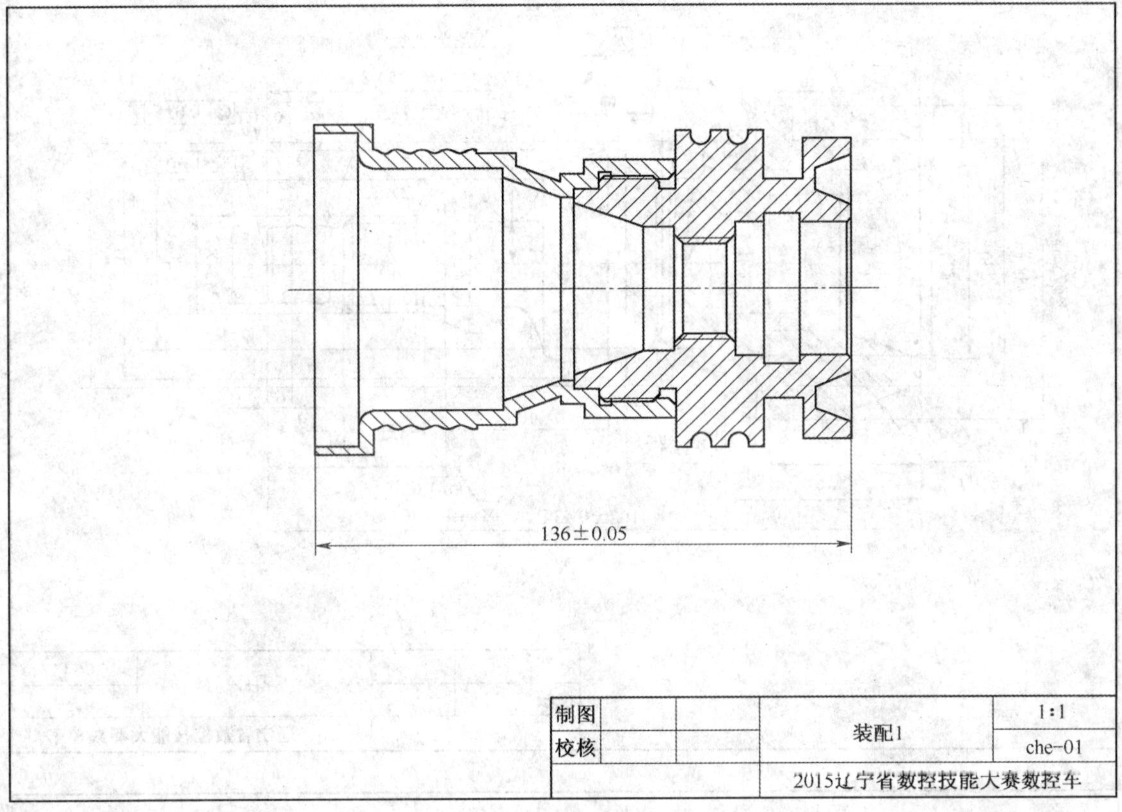

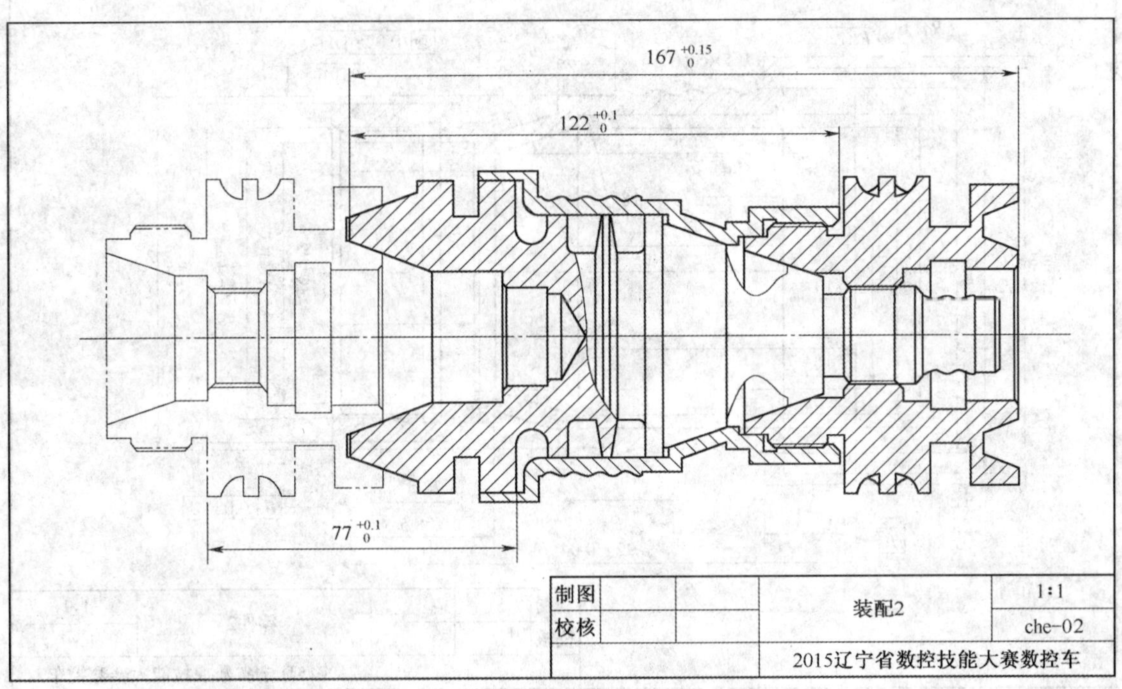

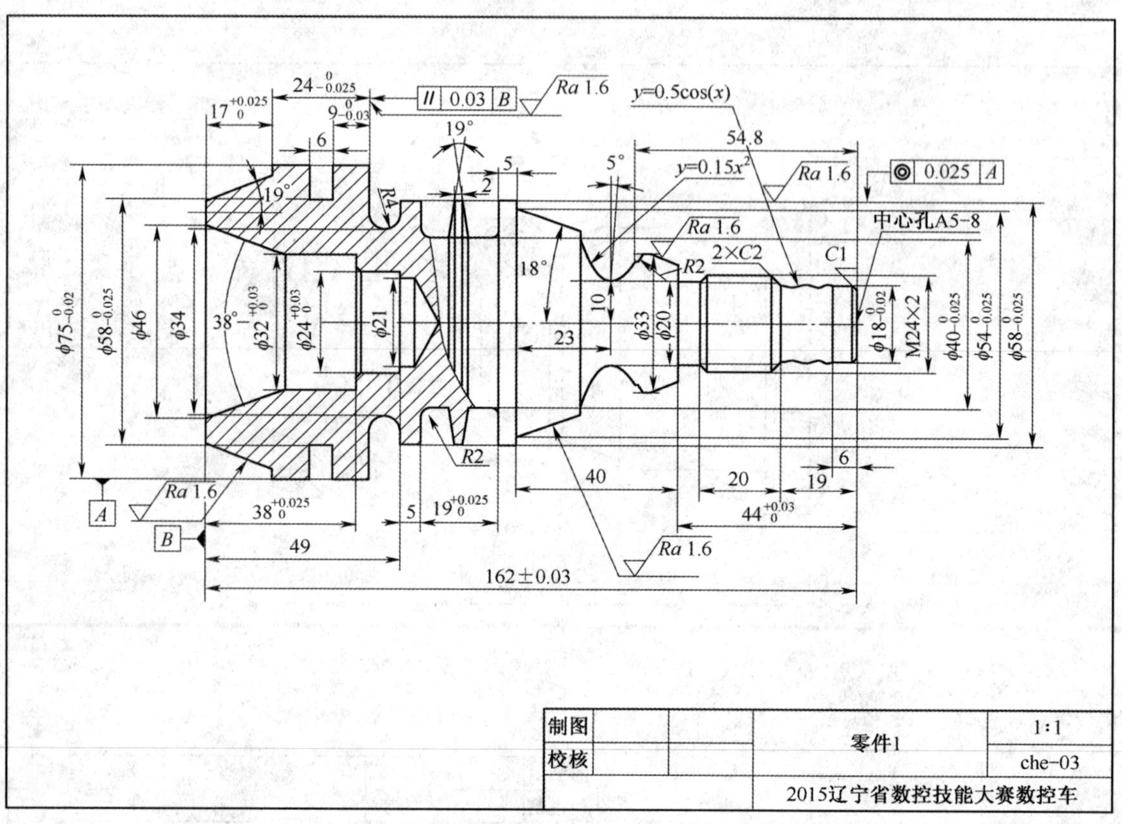
y=0.5cos(x)
y=0.15x²
中心孔A5-8
162±0.03
制图
校核
零件1
1:1
che-03
2015辽宁省数控技能大赛数控车

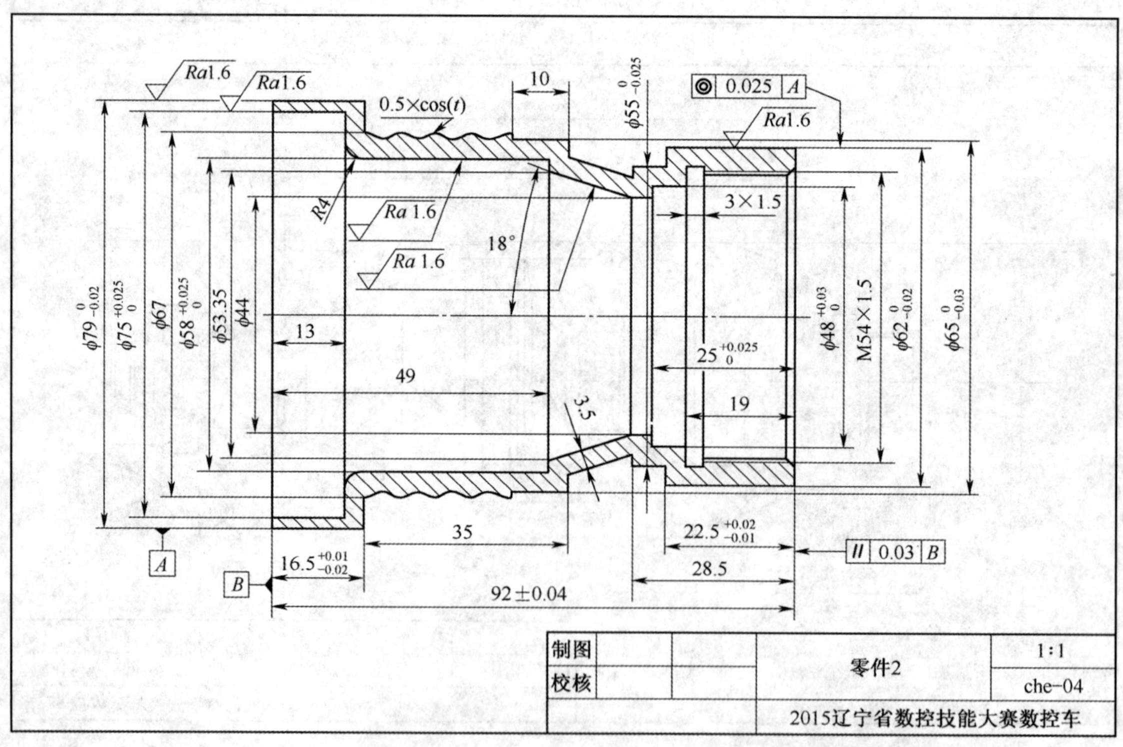
0.5×cos(t)
M54×1.5
92±0.04
制图
校核
零件2
1:1
che-04
2015辽宁省数控技能大赛数控车

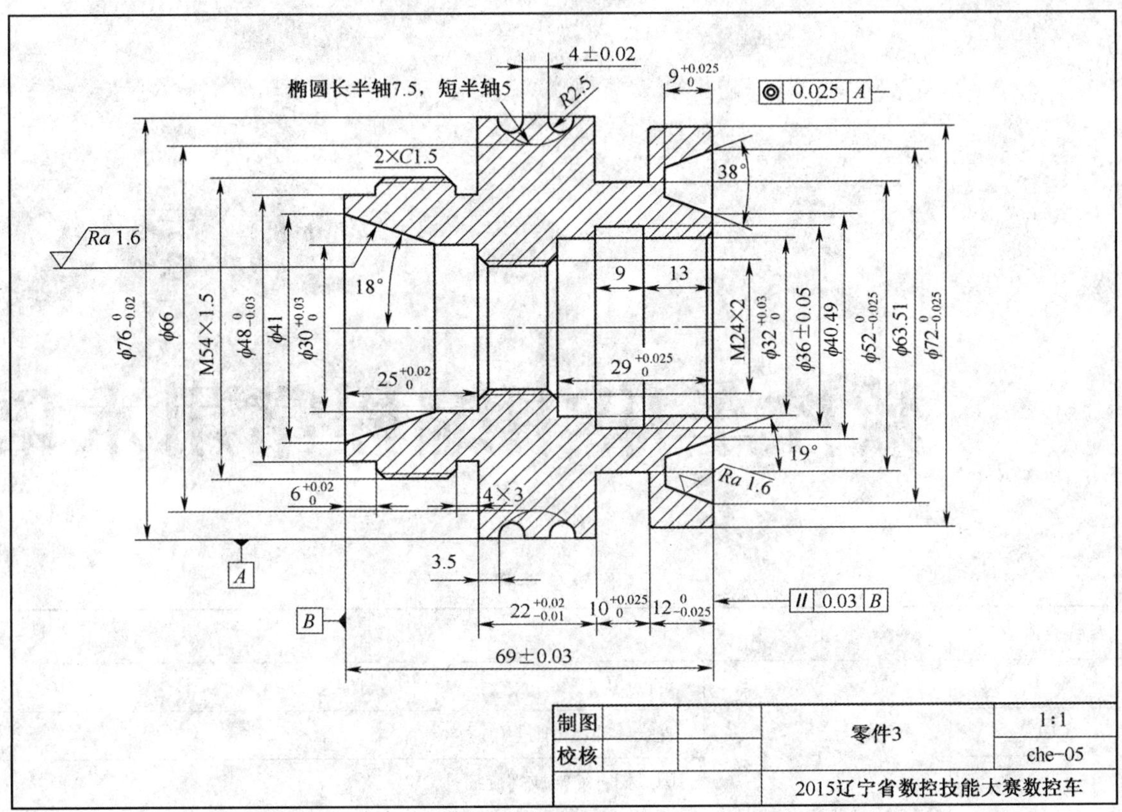
4±0.02
椭圆长半轴7.5，短半轴5
R2.5
$9^{+0.025}_{0}$
◎ 0.025 A
2×C1.5
38°
Ra 1.6
18°
9
13
$\phi76^{0}_{-0.02}$
$\phi66$
M54×1.5
$\phi48^{0}_{-0.03}$
$\phi41$
$\phi30^{+0.03}_{0}$
$25^{+0.02}_{0}$
$29^{+0.025}_{0}$
M24×2
$\phi32^{+0.03}_{0}$
$\phi36\pm0.05$
$\phi40.49$
$\phi52^{0}_{-0.025}$
$\phi63.51$
$\phi72^{0}_{-0.025}$
19°
Ra 1.6
$6^{+0.02}_{0}$
4×3
A
3.5
B
$22^{+0.02}_{-0.01}$
$10^{+0.025}_{0}$
$12^{0}_{-0.025}$
// 0.03 B
69±0.03
制图
校核
零件3
1:1
che-05
2015辽宁省数控技能大赛数控车

附录C 数控车床中编程常用术语

G代码T系列

G代码体系	组	功　能
G00	01	定位(快速移动)
G01		直线插补(切削进给)
G02		圆弧插补CW或螺旋插补CW
G03		圆弧插补CCW或螺旋插补CCW
G04	00	暂停
G17	16	选择*XY*平面
G18		选择*ZX*平面
G19		选择*YZ*平面
G20	06	英制数据输入
G21		公制数据输入
G28	00	返回至参考点
G29		由参考点回归
G32	01	螺纹切削
G40	07	刀尖半径补偿取消
G41		刀尖半径补偿(左)
G42		刀尖半径补偿(右)
G50	00	坐标系设定或主轴最高转速钳制

续表

G代码体系	组	功　能
G54		工件坐标系1选择
G55		工件坐标系2选择
G56	14	工件坐标系3选择
G57		工件坐标系4选择
G58		工件坐标系5选择
G59		工件坐标系6选择
G70		精削循环
G71		外径或内径粗削循环
G72		端面粗削循环
G73	00	闭环切削循环
G74		端面切断循环
G75		外径或内径切断循环
G76		复合型螺纹切削循环
G80		钻孔用固定循环取消
G81		定点镗孔(FS10/11-T)
G82		镗阶梯孔(FS10/11-T)
G83		正面钻孔循环
G84	10	正面攻螺纹循环
G85		正面镗孔循环
G87		侧面钻孔循环
G88		侧面攻螺纹循环
G89		侧面镗孔循环
G90		外径(内径)车削循环
G92	01	螺纹车削循环
G94		端面车削循环
G96	02	周速恒定控制
G97		周速恒定控制取消
G98	05	每分钟进给
G99		每转进给

G 代码 M 系列

代码	组	含义
G00	01	定位(快速移动)
G01		直线插补(切削进给)
G02		圆弧插补(螺旋插补)CW
G03		圆弧插补(螺旋插补)CCW
G04	00	暂停、准确停止
G09		准确停止
G15	17	极坐标指令取消
G16		极坐标指令
G17	02	XpYp 平面(Xp:*X* 轴或者其平行轴,Yp:*Y* 轴或者其平行轴,Zp:*Z* 轴或者其平行轴)
G18		ZpXp 平面
G19		YpZp 平面
G20	06	英制输入
G21		公制输入
G27	00	返回参考点检测
G28		自动返回至参考点
G29		从参考点 移动
G30		返回第 2、第 3、第 4 参考点
G31		跳过功能
G33	01	螺纹切削
G40	07	工具半径补偿取消
G41		工具半径补偿(左)
G42		工具半径补偿(右)
G43	08	刀具长度补偿“+”
G44		刀具长度补偿“-”
G49		刀具长度补偿取消
G50	11	比例缩放取消
G51		比例缩放
G52	00	局部坐标系设定
G53		机械坐标系选择

续表

代码	组	含　义
G54	14	工件坐标系 1 选择
G55		工件坐标系 2 选择
G56		工件坐标系 3 选择
G57		工件坐标系 4 选择
G58		工件坐标系 5 选择
G59		工件坐标系 6 选择
G65	00	宏程序调用
G66	12	宏模态调用
G67		宏模态调用取消
G68	16	坐标旋转方式“ON”
G69		坐标旋转方式“OFF”
G73	09	深钻孔削循环
G74		反向攻螺纹循环
G76		精细钻孔循环
G80		固定循环取消或电子齿轮箱同步取消
G81		钻孔循环,点镗孔循环或电子齿轮箱同步开始
G82		钻孔循环,镗阶梯孔循环
G83		深孔钻削循环
G84		攻螺纹循环
G85		镗孔循环
G86		镗孔循环
G87		反镗循环
G88		镗孔循环
G89		镗孔循环
G90	03	绝对指令
G91		增量指令
G92	00	工件坐标系的设定或主轴最高转速钳制
G93	05	反比时间进给
G94		每分钟进给
G95		每转进给

续表

代码	组	含　义
G96	13	周速恒定控制
G97		周速恒定控制取消
G98	10	固定循环返回初始平面
G99		固定循环返回 R 点平面

辅助功能代码表

代码	功能	说　明
M00	程序暂停	执行完 M00 指令后，机床所有动作均被切断。重新按下自动循环启动按钮，使程序继续运行
M01	选择暂停	与 M00 作用相似，但 M01 可以用机床“选择停止按钮”选择是否有效；只有当机床操作面板上的“选择停止”开关置于接通位置时，CNC 才执行该功能。 执行完 M01 指令后，自动运行停止
M02	主程序结束	执行指令后，机床便停止自动运转，机床处于复位状态
M03	主轴顺时针旋转	主轴顺时针旋转
M04	主轴逆时针旋转	主轴逆时针旋转
M05	主轴旋转停止	主轴旋转停止
M06	自动换刀	该指令用于自动换刀或显示待换刀号。自动换刀数控机床的换刀方法有两种。一种是由刀架或多主轴转塔头转位实现换刀，换刀指令可实现主轴停止、刀架脱开、转位等动作；另一种是带有“机械手—刀库”的换刀，换刀过程为换刀和选刀两类动作；换刀是将刀具从主轴取下，换上所选用的刀具。大致过程为：主轴定向停、松开刀具、换刀、锁紧刀具、主轴启动等。对显示换刀号的机床，换刀是用手动实现的
M08	切削液开	切削液开
M09	切削液关	切削液关
M30	主程序结束	执行 M30 后，返回到程序的开头，而 M02 可用参数设定不返回到程序开头，程序复位到起始位置
M98	调用子程序	调用子程序
M99	子程序结束	子程序结束，返回主程序

数控机床及编程中常用术语

为了方便读者阅读相关数控资料和国外数控产品的相关手册，在此选择了常用的数控词汇及其英语对应单词，所选用的数控术语主要参考国际标准 ISO 2806 和中华人民共和国国家标准GB/T 8129—2015 以及近年新出现的一些数控词汇。

CNC 的一些名词解释

CAD（Computer Aided Design，简称 CAD）：计算机辅助设计

CAM（Computer Aided Manufacture）：计算机辅助制造

CAPP（Computer Aided Process Planning，简称 CAPP）：计算机辅助工艺规程设计

CAE（Computer Aided Engineering，简称 CAE）：计算机辅助工程分析

术语

①计算机数值控制（Computerized Numerical Control，CNC）：用计算机控制加工功能，实现数值控制。

②轴（Axis）：机床的部件可以沿着其做直线移动或回转运动的基准方向。

③机床坐标系（Machine Coordinate System）：固定于机床上，以机床零点为基准的笛卡儿坐标系。

④机床坐标原点（Machine Coordinate Origin）：机床坐标系的原点。

⑤工件坐标系（Workpiece Coordinate System）：固定于工件上的笛卡儿坐标系。

⑥工件坐标原点（Wrok-piexe Coordinate Origin）：工件坐标系原点。

⑦机床零点（Machine Zero）：由机床制造商规定的机床原点。

⑧参考位置（Reference Position）：机床启动用的沿着坐标轴上的一个固定点，它可以将机床坐标原点作为参考基准。

⑨绝对尺寸（Absolute Dimension）或绝对坐标值（Absolute Coordinates）：距一坐标系原点的直线距离或角度。

⑩增量尺寸（Incremental Dimension）或增量坐标值（Incremental Coordinates）：在一序列点的增量中，各点距前一点的距离或角度值。

⑪最小输入增量（Least Input Increment）：在加工程序中可以输入的最小增量单位。

⑫命令增量（Least command Increment）：从数值控制装置发出的命令坐标轴移动的最小增量单位。

⑬插补（Inter Polation）：在所需的路径或轮廓线上的两个已知点间根据某一数学函数（例如：直线、圆弧或高阶函数）确定其多个中间点的位置坐标值的运算过程。

⑭直线插补（Line Interpolation）：这是一种插补方式，在此方式中，两点间的插补沿着直线的点群来逼近，沿此直线控制刀具的运动。

⑮圆弧插补（Circula Interpolation）：这是一种插补方式，在此方式中，根据两端点间的插补数字信息，计算出逼近实际圆弧的点群，控制刀具沿这些点运动，加工出圆弧曲线。

⑯顺时针圆弧（Clockwise Arc）：刀具参考点围绕轨迹中心，按负角度方向旋转所形成的轨迹。

⑰逆时针圆弧（Counterclockwise Arc）：刀具参考点围绕轨迹中心，按正角度方向旋转所形成的轨迹。

⑱手工零件编程（Manual Part Programmiog）：手工进行零件加工程序的编制。

⑲计算机零件编程（Computer Part Programlng）：用计算机和适当的通用处理程序以及后置处理程序、准备零件程序得到加工程序。

⑳绝对编程（Absolute Programming）：用表示绝对尺寸的控制字进行编程。

㉑增量编程（Increment Programming）：用表示增量尺寸的控制字进行编程。

㉒字符（Character）：用于表示一组织或控制数据的一组元素符号。

㉓控制字符（Control Character）：出现于特定的信息文本中，表示某一控制功能的字符。

㉔地址（Address）：一个控制字开始的字符或一组字符，用以辨认其后的数据。

㉕程序段格式（Block Format）：字、字符和数据在一个程序段中的安排。

㉖指令码（Instruction Code）或机器码（Machine Code）：计算机指令代码，机器语言，用来表示指令集中的指令的代码。

㉗程序号（Program Number）：以号码识别加工程序时，在每一程序的前端指定的编号。

㉘程序名（Program Name）：以名称识别加工程序时，为每一程序指定的名称。

㉙指令方式(Command Mode):指令的工作方式。

㉚程序段(Block):程序中为了实现某种操作的一组指令的集合。

㉛零件程序(Part Program):在自动加工中,为了使自动操作有效按某种语言或某种格式书写的顺序指令集。零件程序是写在输入介质上的加工程序,也可以是为计算机准备的输入,经处理后得到加工程序。

㉜加工程序(Machine Program):在自动加工控制系统中,按自动控制语言和格式书写的顺序指令集。这些指令记录在适当的输入介质上,完全能实现直接的操作。

㉝程序结束(End of Program):指出工件加工结束的辅助功能。

㉞数据结束(End of Data):程序段的所有命令执行完毕后,使主轴功能和其他功能(例如冷却功能)均被删除的辅助功能。

㉟程序暂停(Program Stop):程序段的所有命令执行完后,删除主轴功能和其他功能,并终止其后的数据处理的辅助功能。

㊱准备功能(Preparatcry Function):使机床或控制系统建立加工功能方式的命令。

㊲辅助功能(Miscellaneous Function):控制机床或系统的开关功能的一种命令。

㊳刀具功能(Tool Function):依据相应的格式规范,识别或调入刀具。

㊴进给功能(Feed Function):定义进给速度技术规范的命令。

㊵主轴速度功能(Spindle Speed Function):定义主轴速度技术规范的命令。

㊶进给保持(Feed Hold):在加工程序执行期间,暂时中断进给的功能。

㊷刀具轨迹(Tool Path):切削刀具上规定点所走过的轨迹。

㊸零点偏置(Zero Offset):数控系统的一种特征。它容许数控测量系统的原点在指定范围内相对于机床零点移动,但其永久零点则存在于数控系统中。

㊹刀具偏置(Tool Offset):在一个加工程序的全部或指定部分,施加于机床坐标轴上的相对位移。该轴的位移方向由偏置值的正负来确定。

㊺刀具长度偏置(Tool Length Offset):在刀具长度方向上的偏置。

㊻刀具半径偏置(Tool Radlus Offset):刀具在两个坐标方向的刀具偏置。

㊼刀具半径补偿(Cutter Compensation):垂直于刀具轨迹的位移,用来修正实际的刀具半径与编程的刀具半径的差异。

㊽刀具轨迹进给速度(Tool Path Feedrate):刀具上的基准点沿着刀具轨迹相对于工件移动时的速度,其单位通常用每分钟或每转的移动量来表示。

㊾固定循环(Fixed Cycle,Canned Cycle):预先设定的一些操作命令,根据这些操作命令使机床坐标轴运动,主轴工作,从而完成固定的加工动作。例如:钻孔、车削、攻螺纹以及这些加工的复合动作。

㊿子程序(Subprogram):加工程序的一部分,子程序可由适当的加工控制命令调用而生效。

51工序单(Planning Sheet):在编制零件的加工工序前为其准备的零件加工过程表。

52执行程序(Executive Program):在 CNC 系统中,建立运行能力的指令集合。

53倍率(Override):使操作者在加工期间能够修改速度的编程值(例如:进给率、主轴转速等)的手工控制功能。

54伺服机构(Servo-Mechanism):这是一种伺服系统,其中被控量为机械位置或机械位置对时间的导数。

55误差(Error):计算值、观察值或实际值与真值、给定值或理论值之差。

56分辨率(Resolution):两个相邻的离散量之间可以分辨的最小间隔。

附录D

数控车床加工三维零件图赏析

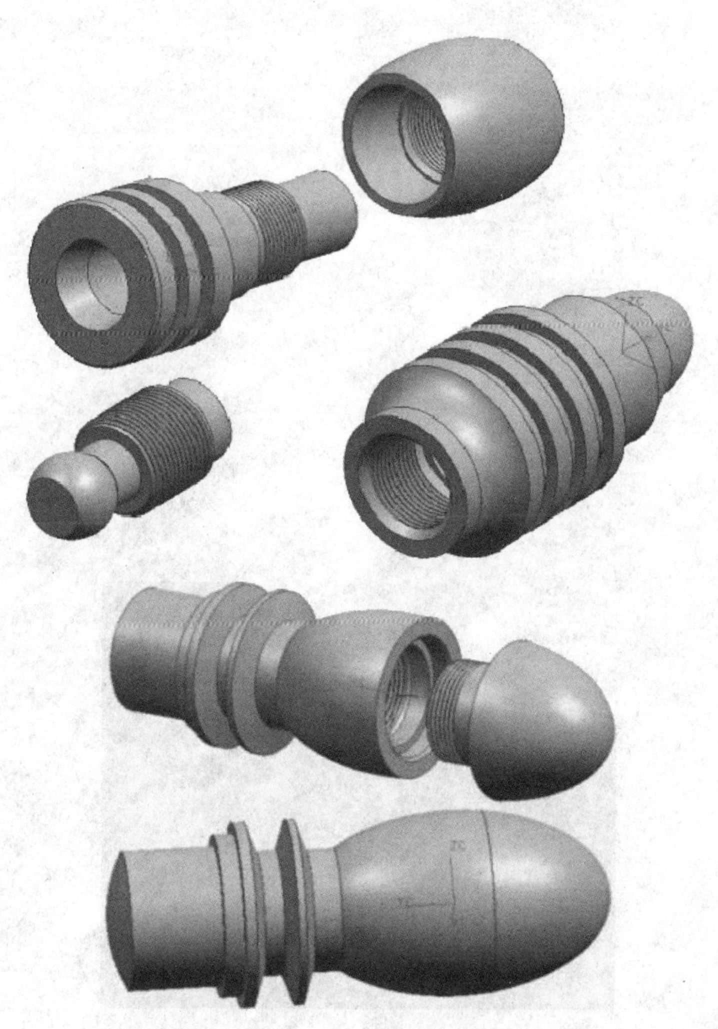